全球变化热门话题丛书

主　编　秦大河
副主编　丁一汇　毛耀顺

气候变化对农业生态的影响

Qihou Bianhua dui Nongye Shengtai de Yingxiang

王馥棠　赵宗慈　王石立　刘文泉　编著

气象出版社

图书在版编目(CIP)数据

气候变化对农业生态的影响/王馥棠等编著.—北京:
气象出版社,2003.3(2009.6重印)
(全球变化热门话题/秦大河主编)
ISBN 978-7-5029-3541-2

Ⅰ.气… Ⅱ.王… Ⅲ.气候变化-气候影响-生态农
业-研究-中国 Ⅳ.S181

中国版本图书馆 CIP 数据核字(2003)第 013074 号

气象出版社出版
(北京市海淀区中关村南大街 46 号 邮编:100081)
总编室:010－68407112 发行部:010－68409198
网址 http://www.cmp.cma.gov.cn E-mail:qxcbs@263.net
责任编辑:崔晓军 终审:周诗健
封面设计:新视窗工作室 责任技编:刘祥玉 责任校对:曹继华
＊
北京京科印刷有限公司印刷
气象出版社发行 全国各地新华书店经销
＊
开本:889×1194 1/32 印张:6 字数:155 千字
2003 年 3 月第一版 2009 年 6 月第三次印刷
印数:6801～9800 定价:18.00 元

序　言

　　全球变化科学是从20世纪80年代发展起来的一个新兴的科学领域。其研究对象是气候系统(包括岩石圈、大气圈、水圈、冰冻圈和生物圈)、各子系统内部以及各子系统之间的相互作用。它的科学目标是描述和理解人类赖以生存的气候系统运行的机制、变化规律以及人类活动在其中所起的作用与影响,从而提高对未来环境变化及其对人类社会发展影响的预测和评估能力。近20年来,全球变化的研究方向经历了重大调整。首先是从认识气候系统基本规律的纯基础研究为主,发展到与人类社会可持续发展密切相关的一系列生存环境实际问题的研究;其次是从研究人类活动对环境变化的影响,扩展到研究人类如何适应和减缓全球环境的变化。全球变化的研究已经取得了重大的进展。

　　气候变化是全球变化研究的核心问题和重要内容。科学研究表明,近百年来,地球气候正经历一次以全球变暖为主要特征的显著变化。近50年的气候变暖主要是人类使用矿物燃料排放的大量二氧化碳等温室气体的增温效应造成的。现有的预测表明,未来50～100年全球的气候将继续向变暖的方向发展。这一增温对全球自然生态系统和各国社会经济已经产生并将继续产生重大而深刻的影响,使人类的生存和发展面临巨大挑战。

　　自工业革命(1750年)以来,大气中温室气体浓度明显增加。大气中二氧化碳的浓度目前已达到368 ppmv(百万分之一体积),这可能是过去42万年中的最高值。增强的温室效应使得自1860年有气象仪器观测记录以来,全球平均温度升高了0.6 ± 0.2℃。

最暖的 14 个年份均出现在 1983 年以后。20 世纪北半球温度的增幅可能是过去 1 000 年中最高的。降水分布也发生了变化。大陆地区尤其是中高纬地区降水增加,非洲等一些地区降水减少。有些地区极端天气气候事件(厄尔尼诺、干旱、洪涝、雷暴、冰雹、风暴、高温天气和沙尘暴等)的出现频率与强度增加。近百年我国气候也在变暖,气温上升了 0.4~0.5℃,以冬季和西北、华北、东北最为明显。1985 年以来,我国已连续出现了 17 个全国大范围暖冬。降水自 20 世纪 50 年代以后逐渐减少,华北地区出现了暖干化趋势。

对于未来 100 年的全球气候变化,国内外科学家也进行了预测。结果表明:(1)到 2100 年时,地球平均地表气温将比 1990 年上升 1.4~5.8℃。这一增温值将是 20 世纪内增温值(0.6℃左右)的 2~10 倍,可能是近 10 000 年中增温最显著的速率。21 世纪全球平均降水将会增加,北半球雪盖和海冰范围将进一步缩小。到 2100 年时,全球平均海平面将比 1990 年上升 0.09~0.88 m。一些极端事件(如高温天气、强降水、热带气旋强风等)发生的频率会增加。(2)我国气候将继续变暖。到 2020~2030 年,全国平均气温将上升 1.7℃;到 2050 年,全国平均气温将上升 2.2℃。我国气候变暖的幅度由南向北增加。不少地区降水出现增加趋势,但华北和东北南部等一些地区将出现继续变干的趋势。

气候变化的影响是多尺度、全方位、多层次的,正面和负面影响并存,但它的负面影响更受关注。全球气候变暖对全球许多地区的自然生态系统已经产生了影响,如海平面升高、冰川退缩、湖泊水位下降、湖泊面积萎缩、冻土融化、河(湖)冰迟冻与早融、中高纬生长季节延长、动植物分布范围向极区和高海拔区延伸、某些动植物数量减少、一些植物开花期提前等等。自然生态系统由于适应能力有限,容易受到严重的、甚至不可恢复的破坏。正面临这种危险的系统包括:冰川、珊瑚礁岛、红树林、热带雨林、极地和高山生态系统、草原湿地、残余天然草地和海岸带生态系统等。随着气候变化频率和幅度的增加,遭受破坏的自然生态系统在数目上会有所增加,其地理范围也将增加。

气候变化对国民经济的影响可能以负面为主。农业可能是对气候变化反应最为敏感的部门之一。气候变化将使我国未来农业生产的不稳定性增加,产量波动大;农业生产布局和结构将出现变动;农业生产条件改变,农业成本和投资大幅度增加。气候变暖将导致地表径流、旱涝灾害频率和一些地区的水质等发生变化,特别是水资源供需矛盾将更为突出。对气候变化敏感的传染性疾病(如疟疾和登革热)的传播范围可能增加;与高温热浪天气有关的疾病和死亡率增加。气候变化将影响人类居住环境,尤其是江河流域和海岸带低地地区以及迅速发展的城镇,最直接的威胁是洪涝和山体滑坡。人类目前所面临的水和能源短缺、垃圾处理和交通等环境问题,也可能因高温、多雨而加剧。

由于全球增暖将导致地球气候系统的深刻变化,使人类与生态环境系统之间业已建立起来的相互适应关系受到显著影响和扰动,因此全球变化特别是气候变化问题得到各国政府与公众的极大关注。

1979年的第一次世界气候大会(主要由科学家参加)宣言提出:如果大气中的二氧化碳含量今后仍像现在这样不断增加,则气温的上升到20世纪末将达到可测量的程度,到21世纪中叶将会出现显著的增温现象。1990年11月,第二次世界气候大会(由科学家和部长参加)通过了《科学技术会议声明》和《部长宣言》,认为已有一些技术上可行、经济上有效的方法,可供各国减少二氧化碳的排放,并提出制定气候变化公约的问题。1991年2月联合国组成气候公约谈判工作组,并于1992年5月完成了公约的谈判工作。1992年6月联合国环境与发展大会期间,153个国家和区域一体化组织正式签署了《联合国气候变化框架公约》。1994年3月21日公约正式生效。截止到2001年12月共有187个国家和区域一体化组织成为缔约方。公约缔约方第一次大会于1995年3月在德国柏林召开。经过两年的艰苦谈判,1997年12月在日本京都召开的公约第三次缔约方大会上通过了《京都议定书》，为发达国家规定了到 2008～2012 年的具体的温室气体减排义务。

1988 年 11 月世界气象组织和联合国环境规划署建立了"政府间气候变化专门委员会(IPCC)"，其主要任务是定期对气候变化科学知识的现状、气候变化对社会和经济的潜在影响，以及适应和减缓气候变化的可能对策进行评估，为各国政府和国际社会提供权威的科学信息。自成立以来，IPCC 已组织世界上数以千计的不同领域的科学家完成了三次评估报告及"综合报告"。目前，IPCC 正在准备编写第四次评估报告，将于 2007 年完成。此外，还组织编写了许多特别报告、技术报告。IPCC 组织编写的这些评估报告，作为制定气候变化政策和对策的科学依据提交给国际社会和各国政府。它不仅为各国政府部门制定气候变化对策提供了科学信息，而且也直接影响着《联合国气候变化框架公约》及《京都议定书》的实施进程，并在荒漠化、湿地等其他国际环境公约的活动中发挥着越来越大的作用。

全球气候变化问题，不仅是科学问题、环境问题，而且是能源问题、经济问题和政治问题。全球气候变化问题将给我国带来许多挑战、压力和机遇。

国际上要求我国减排温室气体的压力越来越大。目前我国二氧化碳排放量已位居世界第二，甲烷、氧化亚氮等温室气体的排放量也居世界前列。预测表明，到 2025～2030 年间，我国的二氧化碳排放总量很可能超过美国，居世界第一位；目前低于世界平均水平的我国人均二氧化碳排放量可能达到世界平均水平。由于技术和设备相对落后、陈旧，能源消费强度大，我国单位国内生产总值的温室气体排放量比较高。

我国减排温室气体的潜力受到能源结构、技术和资金的制约。煤是我国的主要能源，在我国一次能源消费中，煤炭约占 70%。受能源结构的制约，我国通过调整能源结构来减少二氧化碳排放量的潜力有限。如果近期就承担温室气体控制义务，我国的能源供应将受到制约。同时，因缺少相应的技术支撑，我国的经济发展将受到严重影响。因此，我国的能源结构和减排成本决定了我国不可能过早地承诺减排义务。在相当一段时期内，我国应坚持"节约能源、优化能源结构、提高能源利用效率"的能源政策，但是需要相当的技术和资金作为保证。目前发达国家希望通过"清洁发展机制（CDM）"项目，从发展中国家获得减排抵消额。这将为发展中国家获得新的投资和技术转让带来机遇。

我国党和政府对气候变化问题一直非常重视，早在1986年就成立了国家气候委员会，其职责是参加国际有关组织相应的活动，并在开展气候研究、预报、服务等工作中，负责对外的国际合作、交流，对内起到组织协调的作用，并与各有关部门共同协商、配合工作，充分发挥各有关单位的积极性，使气候科学更好地为国家建设服务。1995年成立了国家气候中心，专门从事气候监测、预测和评价等工作，为我国经济建设和社会发展提供了卓有成效的服务。目前，气候变化与生态环境问题已引起党和政府的高度关注。但是总体来看，迄今为止我国还未把适应与减缓气候变化影响的问题真正提上议事日程，这方面的研究仍十分薄弱和不足。由于全球气候变暖可能给我国自然生态系统和社会经济部门带来难以承受的、不可逆转的、持久的严重影响。因此，应对全球气候变暖的影响，趋利避害，应成为我国实施可持续发展时必须重视的问题之一。需要全面深入研究气候变化对我国自然生态系统和国民经济各部门的影响后果、可采取的适应与减缓措施，并在对其进行成本-效益分析的基础上，提出我国适应与减缓气候变化影响的规划和行动计划。

为了宣传和普及气候和气候变化方面的科学知识，提高公众在全球变化问题上的科学认识，我们组织编撰出版这套《全球变化热门话题》丛书。本套丛书一共18册，由国内相关领域的知名专家撰稿，内容包括以下三方面：一是以大量监测数据为基础，揭示全球变化的若干事实及其在各个分系统中的表现形式；二是以太阳辐射、大气化学、大气物理、环境和生态演变等多学科交叉理论为基础,深入浅出地阐述气候变化的成因;三是以可持续发展理论为指导,提出人类适应和减缓全球变化的各种对策、途径和方法。该丛书的出版,旨在使人们对全球变化有清醒而全面的科学认识,从而更加关注全球变化,并且在更高的层次上、更广泛的范围内认识我国在全球变化中的地位和作用,自觉参与人类社会的共同决策,保护人类赖以生存的地球环境。

国家气候委员会主任
中国气象局局长　秦大河

2003 年 3 月 23 日

目　　录

第一章

中国的气候变化

气候以及气候变化与农业紧密联系,特别是在发展中国家,农业的发展对气候变化的依赖关系更明显。因此,本章在着重介绍气候变化对农业影响以前,首先简单介绍中国的气候变化。

气候、气候变化与气候变暖

天气、气候和气候变化

人类生活在地球上,人类的生活和农业生产都经常接触到每天的天气状况,如今天暖和,昨天冷;今天下雨,昨天晴天;今天没风,昨天刮大风等等。这种描述每天的冷暖、干湿等气象状况的,称做天气,这种气象状况在不同天的变化称做天气变化。我们还经常听到说这些年气候异常,如 1998 年长江流域的大洪水,近几年的异常暖冬等。什么是气候呢?气候的通常含义是"平均天气",或说,在一个较长时段,如几个月到千、百万年时间尺度,统计的平均天气状况。通常描述气候的变量有气温、降水和风等。根据世界气象组织

(WMO)的规定一般取 30 年作为气候标准时段,例如现今这一阶段采用 1961 到 1990 年 30 年的平均表示。实际上,可以注意到,不同年的气候状况是不一样的:有些年冷,如 20 世纪 60 年代中国偏冷;有些年暖,如中国近期连续 16 个暖冬;有些年旱,如近 20 多年华北偏旱;有些年涝,如 20 世纪 90 年代长江流域偏涝等。因此,气候是不断变化的,称做气候变化。有些年气候变化距离常年的平均气候状况差别很大,称做气候异常:如 1954 年的长江流域大水,在近 50 年是罕见的,属于气候异常;又如 2000 年北京夏季气温多达 17 天高于 36℃,属于近几十年少见,也是气候异常。描述气候变化的快慢程度,称做气候变率,通常考虑气候的空间和时间变化与变率。

气候变化的地理分布

中国是一个幅员辽阔的大国,最北部属寒温带气候,最南部属热带气候,包括了不同的气候带;我国的地形复杂,西部有世界最高山峰和高原以及沙漠,东部多为平原和丘陵,海岸线长,面临太平洋,因此,我国大部分地区处在季风气候区,冬季多西北风,夏季多东南风,雨季主要在夏半年,冬季雨水较少,特别是在我国北方。

图 1.1 给出了观测的 1961～1990 年 30 年平均的中国年平均

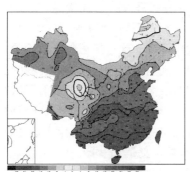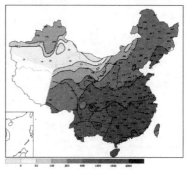

图 1.1 观测的 1961～1990 年平均的中国年平均气温(℃)
(左)和年总降水量(mm)(右)(Gao 等,2001)

气温和年总降水量(Gao 等,2001)。从图中可注意到,我国的年平均气温在华南最暖,为 20~24℃,东北最冷,为 −2~−5℃。我国最干的地方是在新疆的沙漠地区,年总降水量不足 50 mm,降水最丰盛的地区是在华南,年降水量可达 1200~1300 mm 或更多。

近百年的气候变暖

20 世纪近百年的气候变化是科学家、政策制定者和公众所关心的热点问题之一。20 世纪有了气象仪器的观测资料,因此,也使得科学家们有条件可以做较为精确的计算。图 1.2 和图 1.3 分别给出观测的 20 世纪近百年全球、东亚(70°~140°E,15°~60°N)和中国的年平均气温和年降水量的变化。相应表 1.1 和表 1.2 分别给出近百年全球、东亚和中国年平均气温和年总降水量变化的线性趋势和各区域相互间的相关系数。从图和表中可注意到,20 世纪近百年全球、东亚和中国都明显变暖,其中东亚变暖最明显,为 0.84℃·(100a)⁻¹,其次是全球,0.65℃·(100a)⁻¹,中国变暖较小,只有 0.40℃·(100a)⁻¹。三个地区都有明显的相关,达到 95% 信度水平。和气温相比,近百年降水量的变化没有明显的趋势,全球、东

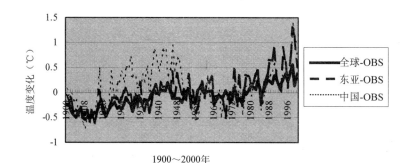

图 1.2　观测的近百年(1900~2000 年)全球、

东亚和中国年平均气温变化(℃)

(IPCC WGI Report,2001;Mulme 等,1994;王绍武等,1998)

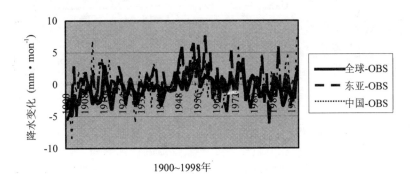

图 1.3　观测的近百年(1900～1998 年)全球、
东亚和中国年降水量变化(mm·mon⁻¹)

(IPCC WGI Report,2001;Hulme 等,1994)

亚和中国降水量都是略有增加,三个区域降水量之间也有较为明
显的相关,也达到 95% 信度水平。

表 1.1　观测近百年(1900～1999 年)年平均气温变化线性趋势和距平相关系数

(观测资料取自王绍武、龚道溢,个人通信)　单位:℃·(100a)⁻¹

	全　球	东　亚	中　国
线性趋势	0.65	0.84	0.40
距平相关系数	全球/东亚 0.79	东亚/中国 0.72	中国/全球 0.53

＊对于 100 年资料,相关系数 95% 信度水平为 0.208。

表 1.2　观测近百年(1900～1999 年)年降水量变化线性趋势和距平
相关系数(Hulme 等,1994)　单位:mm·(100a)⁻¹

	全　球	东　亚	中　国
线性趋势	23	7	15
距平相关系数	全球/东亚 0.46	东亚/中国 0.64	中国/全球 0.24

近百年中国变暖,其各个区域的线性变化趋势给在表 1.3 中。
从表 1.3 可注意到,在各区中,近百年东北、新疆和台湾明显变

暖，分别是 1.48、1.20 和 1.27℃。还注意到，部分地区如西南、西藏、华南与华中地区，近百年气温略变冷。计算了最近 30 年（1971～2000 年）相对于气候标准时段（1961～1990 年）的距平，发现近 30 年中国各区明显变暖，其中东北、华北和西北变暖在 0.3℃以上，变暖最少的西南地区也有 0.09℃（见表 1.4）。近年来，WMO 规定要用 1971～2000 年这 30 年的平均代表标准气候平均值，而值得注意的是，这两个 30 年时段，中国各区气温变暖 0.09～0.35℃。

表 1.3 观测近百年（1900～1999 年）各区年平均气温变化的线性趋势

（根据王绍武、龚道溢资料计算）　　　单位: ℃·(100a)$^{-1}$

东北	华北	华东	华南	台湾	华中	西南	西北	新疆	西藏	中国
1.48	0.30	0.51	−0.15	1.27	−0.16	−0.37	0.27	1.20	−0.21	0.40

表 1.4 观测的 1971～2000 年各区气温距平（相对于 1961～1990 年气候平均）（根据王绍武、龚道溢资料计算）　　　单位: ℃

东北	华北	华东	华南	台湾	华中	西南	西北	新疆	西藏	中国
0.43	0.35	0.20	0.17	0.16	0.13	0.09	0.33	0.13	0.20	0.24

近百年气候变暖在更长时间尺度的地位

各国政府间气候变化专业委员会(IPCC)第一工作组 2001 年科学评估报告中指出，近百年北半球的变暖在近千年属于最暖的百年，其中，20 世纪 90 年代又是近千年中最暖的 10 年。中国的近百年变暖在近千年中的地位怎样呢？王绍武和龚道溢最近对中国的研究表明，在近 1200 年（800～2000 年）中，以每 50 年为一段，用 1880～1979 年的 100 年作为气候标准时段，发现 20 世纪近百年在 1200 年中是最暖的百年，尤以前 50 年更暖，这一特点在我国东部、西部和全国都是一致的（见图 1.4）（王绍武等，2002）。

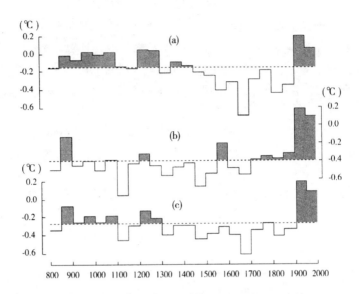

图 1.4 近 1200 年中国东部(a)、西部(b)和全国(c)气温变化(℃)

(相对于 1880~1979 年)(王绍武等,2002)

气候变化(暖)的监测、特点与成因

气候变化的监测

中国的气象仪器观测资料最早开始在 19 世纪末期,在 20 世纪初期有观测记录的台站不足 10 个,而且主要集中在东部地区。以后台站数逐渐增加,但是在第二次世界大战期间,有些观测记录中断,直到 1950 年后,观测台站才明显增加,近 50 年中国大范围才有了较为完整和连续的观测记录。因此,更多的研究集中在近 50 年中国的气候变化。这样,就给建立近百年中国气候变化的序列带来较大的难度,特别是前 50 年。例如,我们选用两个应用较多的观测的近百年中国年平均气温变化曲线,一个是中国科学家王绍武和龚道溢的曲线,一个是从 IPCC 科学评估报告中经常引用的英国科学家 Jones 给出的全球气温资料中取出中国部分计算的曲线,计算近百年(1901～1998 年)两套观测的中国年平均气温资料之间的相关系数为 0.85。很明显,这两套资料的相关是很高的,都具有可用性。但是还存在一定的差异,尤其是在前 50 年(图略)。建立近百年中国降水量变化的序列相对于气温就更困难些,近些年来王绍武等用观测和代用资料分别恢复了中国东部和西部近百年逐年或 10 年的降水量序列。我们类似地计算了 IPCC 科学评估报告经常引用的英国科学家 Hulme 给出的近百年中国降水量序列与王绍武等的中国东部序列的相关系数表明,两个序列相关可达 0.80,同样具有可用性(图略)(Hulme、王绍武等提供资料,个人通信)。

需要说明的是,由于中国有些台站多次搬迁站址,从而在一定程度上影响了观测记录的连续性,尤其是对降水量的影响更大。另一方面,近 10 年的研究工作表明,城市化和热岛效应等人为因素对观测记录也有一定影响(王绍武等,1998),这些都应该引起注意。

近 50 年气候变化的特点

近 50 年中国气候变化的主要特点是大范围的明显变暖,尤以我国北方变暖明显。图 1.5 和表 1.5 分别给出近 50 年(1951～2000 年)中国年平均气温、最高与最低温度变化曲线(王绍武等,2002;翟盘茂、任福民,1997)和我们根据这些数据计算的年平均气温变化的线性趋势。可以看到,除西南略变冷外,我国大范围的增暖是引人注目的。计算的线性趋势表明,全国增暖 0.84℃·$(50a)^{-1}$,其中东北变暖高达 1.70℃·$(50a)^{-1}$。计算还表明,近 50 年的变暖中,最低温度的变暖贡献最大,高达 1.41℃·$(50a)^{-1}$,最高温度变暖幅度较小,但是也有 0.45℃·$(50a)^{-1}$。因此,相应冬季变暖,寒冷期缩短;夏季变热,炎热期延长。这种变化的特征同样在近 50 年中国气温变化的地理分布中可以看到(见图 1.6),增温明显的台站集中在我国北方大部分地区。

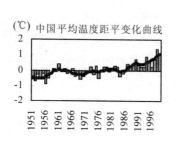

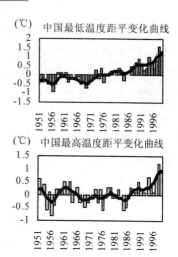

图 1.5　1951～2000 年中国年平均气温、最高与最低温度变化曲线（℃）

（翟盘茂、潘晓华,个人通信）

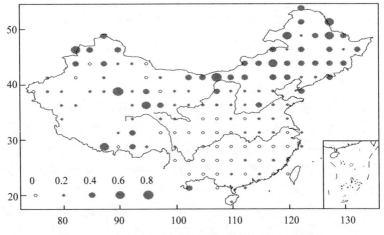

图 1.6　1951～1999 年中国年平均气温变化趋势分布

（王绍武等,2002）

　　对近 50 年中国降水的变化的计算表明,西部年降水日数 50 年增加 5％～10％,增加明显;而另一方面注意到,华北地区和渤海湾沿

表 1.5　近 50 年(1951~2000 年)各区年平均气温变化的线性趋势
(根据王绍武、龚道溢提供的资料计算)　单位:℃·(50a)⁻¹

东北	华北	华东	华南	台湾	华中	西南	西北	新疆	西藏	中国
1.70	1.41	0.73	0.44	0.48	0.38	−0.09	1.04	0.93	0.41	0.84

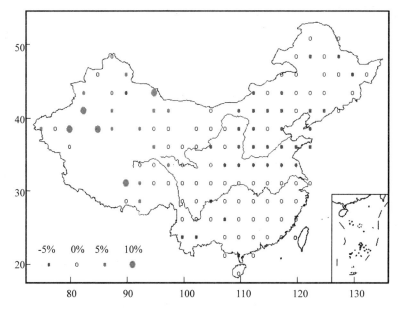

图 1.7　观测的 1951~1999 年中国年降水频率变化趋势分布
(日降水量大于 0.1 mm 的日数)(王绍武等,2002)

岸降水日数则 50 年减少 5% 左右(见图 1.7)。相应地年降水量线性趋势在我国西北地区 50 年增加 10%~15%,华北地区和渤海湾沿岸降水 50 年减少 5%(见图 1.8)。华北地区是我国首都所在,又是我国重要的工业和农业区,人口稠密,因此,近 50 年降水量的减少对人民生活和经济发展的影响应该引起重视。计算近 50 年中国东部各季和年降水量变化的线性趋势表明,冬季和夏季降水有略增加的趋势,49年分别增加 7 和 19 mm;春季和秋季降水有略减少的趋势,49 年分别减少 −8 和 −17 mm。年总降水量没有明显的变化趋势(见图 1.9)。

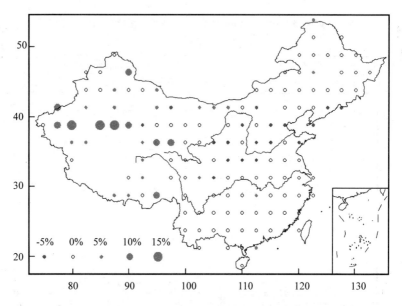

图 1.8 观测的 1951~1999 年中国年降水量变化趋势分布

(王绍武等,2002)

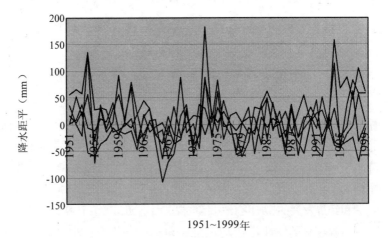

图 1.9 观测的 1951~1999 年中国东部降水距平变化曲线

(王绍武、龚道溢,个人通信)

气候变化的因果分析

气候变化的原因是非常复杂的,受多种因素的综合影响。一般,科学家的研究表明,影响全球短期气候变化的外部因子主要有太阳活动、火山活动和人类活动。另一方面则是全球气候系统内部各圈层之间的相互作用和反馈过程。局地的气候变化则除了受上述大背景因子影响外,还受到局地多种因素的影响。对于 20 世纪气候变化的因果分析,研究表明,20 世纪前 50 年,太阳活动和火山活动可能起了主要作用;而后 50 年,人类活动可能起了较为重要的作用(IPCC WGI Report,2001)。

气候变暖与人类活动

正如前所述,近百年的全球变暖可能与人类活动有一定联系,这一节将简述气候变暖与人类活动涉及到的一些主要方面。

人类活动

人类活动是指由于人类进行的工业、经济和生活等活动造成的能源排放,包括温室气体(如二氧化碳、氧化亚氮、甲烷等)和硫化物气溶胶等。另一方面,还包括人口的增加以及城市化的影响。第三,是由于人类活动造成的土地利用的变化(如大面积砍伐森林、大草原的破坏、沙漠化与荒漠化、耕作的发展、水田的增加或减少、围河(湖)造田、建坝等等)。由于这些人类活动造成全球气候系统中的微量气体的含量发生变化,从而影响气候变化。

气候模式与气候模拟

利用气象仪器对气候变化进行观测和监测,其测量结果是各种因素影响的综合效果。即利用气象仪器进行观测,不能区分气候的自然变化或由于人类活动造成的气候变化。到目前为止,一般采用气候模式通过做气候模拟和数值试验,来估测各种因子(包括人类活动)对气候变化的可能影响。

气候模式的种类繁多,目前广泛使用的气候模式多为全球气候系统模式,该系统模式中包括多个分量模式,如全球(或区域)大气环流模式(AGCM)、全球(或区域)海洋环流模式(OGCM)、海冰模式、陆地-生物圈模式、雪模式、河流湖泊模式、大气和海洋化学模式等。作为一个例子,表1.6给出了IPCC第一工作组几次科学评估报告里所选用的各个国家的气候模式特征,表中把IPCC报告选用的中国科学家的气候模式专列一项。从表中可注意到,近十余年来,气候模式从分辨率到考虑全球气候系统的物理、化学、生物学等过程方面,都有了明显的发展和改进。对气候模式的评估研究表明,气候模式有较好地模拟全球和大的空间尺度气候变化的能力,对于较小的空间尺度气候模式的模拟能力较低,需要通过采用各种降尺度方法,如高分辨率区域气候模式等,来提高模拟能力。

表 1.6 IPCC 报告引用的气候模式回顾

(IPCC WGI Report,2001;赵宗慈,2002)

时　间	全球模式总数	其中中国的 全球模式数	区域模式总数	其中中国的 区域模式数
1990年 报告	22个 全球大气: L2~L11 T21~T32 R15~R30 全球海洋: 60 m 混合层	0个	用全球模式作 分区分析	0个
1992年 补充报告	12个 全球大气: L2~L19 T21~T32 R15~R30 全球海洋: 多数为 60 m 混合层 少数 L4~L17	1个 (中国科学院 大气物理研究 所模式,王会 军、曾庆存等, 1991) 全球大气: L2,4×5 全球海洋: 60 m 混合层	用全球模式作 分区分析	0个

续表

时 间	全球模式总数	其中中国的全球模式数	区域模式总数	其中中国的区域模式数
1995年报告	16个 全球大气： L2~L31 T21~T42 R15~R30 全球海洋： L9~L29	1个 全球大气： L2，4×5 全球海洋： L20，4×5 （中国科学院大气物理研究所模式，AMIP，1993）	19个 区域大气： L9~L16 50~100 km 另一方面仍用全球模式作分区分析	用全球模式作东亚和中国分析（7个国外全球模式，Hulme、赵宗慈，1994；5个国外全球模式，李晓东、赵宗慈，1994）
2001年报告	34个 全球大气： L9~L30 T21~T42 R15~R30 全球海洋： L11~L45 0.67×0.67~ 4×5	1个 全球大气： L9，R15 全球海洋： L20，4×5 （中国科学院大气物理研究所开放实验室模式，吴国雄等，1997；张学宏等，2000）	105个 区域大气： L9~L23 15~125 km 另一方面仍用全球模式作分区分析	3个 （RegCM2/TEA，L10，60 km，中国科学院大气物理研究所温带东亚中心，陈明、符淙斌，1999；RegCM2/EA，L23，60 km，中国气象局国家气候中心，赵宗慈、罗勇，1999；RegCM2/China，L16，60 km，中国气象局国家气候中心，高学杰等，2001）

注：L表示垂直分层数；R与T分别表示水平分辨率菱形与三角形截断；AMIP为全球大气环流模式国际对比计划。

人类活动对气候变化的可能影响

近20年来，科学家、公众和各个国家政策制定者越来越重视人类活动对气候变化的影响。人类活动包括各个国家人口的增长和变化以及社会、经济（如工业、农业等）与生活的发展带来的能源排放的增加（如二氧化碳、甲烷、氧化亚氮、臭氧等温室气体的排放，硫化物气溶胶等的排放等）、土地利用的变化（如大范围砍伐森林、森林火灾、草原的破坏、修建堤坝、水旱农田的发展、围湖/河造田等)。由于人类活动向大气中排放大量的温室气体和硫化物气溶胶,改变了大气中的成分,从而影响了太阳辐射和长波辐射,使全球气候系统的能量和热量循环发生了变化,造成气候变化。由于土地利用的变化,从而改变了地面反照率和土壤性质等,也造成气候变化。

利用气候模式可以计算和估测人类活动对全球气候系统和气候变化的可能影响。表1.6给出了各国对气候模式所做的研究工作。我国科学家的研究工作虽然起步较晚,但是,十余年来用国内外近70个气候模式作了许多有价值的工作。表1.7总结了20世纪90年代以来我国科学家做人类活动影响研究所用的气候模式的主要特征。近70个模式中有10来个是中国科学家们建立的气候模式。有些模式是全球大气环流模式或全球大气海洋环流模式,有些则是东亚或中国区域气候模式。其中,较早的研究主要是计算大气中二氧化碳加倍对气候变化的可能影响;中期的研究考虑了温室气体每年增加1%,有些还考虑了硫化物气溶胶的增加,计算对气候变化的可能影响;近期的研究则考虑了20和21世纪人类活动造成温室气体和硫化物气溶胶增加,对气候变化的可能影响。此外,有些研究是计算了土地利用的变化(如沙漠化、建坝等)对气候变化的可能影响。

表1.7　总结20世纪90年代以来人类活动对东亚和中国

气候变化的影响研究(赵宗慈,2002)

作　者	模式名	模式简单特征	人类活动实验设计	人类活动对东亚和中国气候变化的影响(达到CO_2加倍) 气温(℃)	降水(%)
赵宗慈,1989	GFDL, GISS, MPI, OSU,UKMO	5个全球模式, L2~L12, 60 m	$1 \times CO_2$, $2 \times CO_2$	2.5	5
王会军等, 1992	IAP AGCM/ MLO	全球模式,L2, 4×5,60 m	$1 \times CO_2$, $2 \times CO_2$	2.0	+

续表

作　者	模式名	模式简单特征	人类活动实验设计	人类活动对东亚和中国气候变化的影响(达到CO_2加倍) 气温(℃)	降水(%)
赵宗慈、Hulme,1993	GFDL, GISS, LLNL, MPI, OSU, UKMOL, UKMOH	7个全球模式，L2～L16,60 m	$1\times CO_2$，$2\times CO_2$	3.0	9
赵宗慈,1994	7个全球模式在东亚地区与简单全球能量平衡模式套用	简单全球能量平衡模式(一维箱式海洋47层)	GHG，SO_2，O_3	2.0	6
陈克明等,1996	IAP AOGCM	全球大气海洋模式,L2,4×5,L20	$CO_2 1\% \cdot a^{-1}$	3.6	10
宋玉宽、陈隆勋,1996	NCAR/CAMS CCM1	全球大气模式,L12,R15	$1\times CO_2$，$2\times CO_2$	5.5	18
李维亮、龚崴,1996	NCAR/CAMS RegCM1	L14,100 km,中国区域气候模式嵌套全球大气模式	$1\times CO_2$，$2\times CO_2$	3.4	20
王彰贵等,1996	NOA/OSU-GFDL，AOGCM	全球大气海洋模式,L2,4×5,L5,2×5	$1\times CO_2$，$2\times CO_2$	0.7	+
陈明,符淙斌,1997	NCAR/EAC RegCM2	L10,60 km,温带东亚区域气候模式嵌套全球大气模式	$CO_2 1\% \cdot a^{-1}$	5.2	+
赵宗慈、李晓东,1997	CSIRO, GCM5, GCM7, GFDL1, GFDL2, GISS, JMA,LLNL, LSG,MPI, NCAR,OPYC, OSU,UKMO1, UKMOL, UKMOH,	全球大气海洋模式,L2～L18, L5～L20	$CO_2 1\% \cdot a^{-1}$	2.2	10

作　者	模式名	模式简单特征	人类活动实验设计	人类活动对东亚和中国气候变化的影响（达到CO_2加倍）	
				气温（℃）	降水（%）
赵宗慈、罗勇，1999	RegCM2/EA	L23，60km，东亚-西太平洋区域气候模式	沙漠化，三峡建坝		
赵宗慈等，2000	IPCC 1995	全球大气海洋模式，L2～L20，L12～L30	GHG	2.0	
郭裕福等，2001	GOALS/LASG AOGCM	全球大气海洋模式，L9 R15，L20	$CO_2 1\%\cdot a^{-1}$	2.1	5
高学杰等，2001	NCC/NCAR RegCM2,3	中国区域气候模式嵌套全球大气海洋模式 L16，60km	GHG$1\%\cdot a^{-1}$，SO_2	2.5	13
赵宗慈、徐影，2002	CCC，CCSR，CSIRO，DKRZ，GFDL，HADL，NCAR	全球气候系统模式，L9～L21，R15～T42，L12～L32，3.75×4.5～1.8×1.8	20/21世纪（1900～2099年）	3.4	1
徐影等，2002	NCC95	全球大气海洋模式，L16T63，L30T63	20/21世纪（1900～2030年）		
马晓燕等，2002	GOALS/LASG	全球大气海洋模式，L9R15，L204×5	20世纪（1900～1999年）		
平均				2.9	10

注：表中"＋"意为略增，但没定量值。

人类活动对东亚和中国气候变化的计算和研究表明,所有模式一致认为,由于人类活动造成东亚和中国明显变暖,在达到大约温室气体加倍时,其变暖幅度在 0.7～5.2℃之间,平均为 2.9℃。多数模式模拟的降水略增加,范围在 1%～20%之间,平均为 10%。

20 世纪 90 年代初期以来,我国科学家在计算未来人类活动造成东亚和中国气候变化及其对农业和环境影响的研究中,使用最多的是 IPCC 第一工作组 1990 年报告和 1992 年补充报告中的 7 个全球大气耦合全球混合层海洋和海冰模式(GISS, GFDL, LLNL, MPI, OSU, UKMOL, UKMOH),联合一个全球简单模式来考虑 IS92a 排放方案的模拟情景,计算的 1991～2100 年东亚和中国的气候变化展望,给在表 1.8 中。以展望 2050 年情景为例,由于人类活动东亚和中国的气温将较目前变暖(DT)1.4℃,降水将增加(DP)4%。其中,中国大部分地区将变暖 1.0～1.5℃,我国北方变暖更明显,在 1.5～2.0℃,海南和台湾变暖最小,低于 1.0℃。降水的变化情景较为复杂,7 个模式比较一致的是,我国西北地区夏季降水将可能增加 5%～10%。这些计算结果至今还在气候影响研究中应用。

表 1.8　7 个气候模式联合一个简单模式展望 1991～2100 年
东亚和中国的气候变化情景(Hulme 等,1994;Zhao,1994)

年	2000	2010	2020	2030	2040	2050	2060	2070	2080	2090	2100
DT(℃)	0.20	0.35	0.65	0.88	1.06	1.40	1.64	2.01	2.30	2.66	2.95
DP(%)	0.6	1.1	1.9	2.6	3.2	4.2	4.5	5.5	6.3	7.2	8.9

此外,还有些气候模式的模拟试验研究了沙漠化和荒漠化对中国气候变化的影响,可以看到,由于沙漠化,可能使我国大部分地区降水减少,特别是本来就较为干旱的黄土高原地区将会变得更加干旱。三峡建坝的数值试验研究表明,临近库区的降水将会受到较大的影响,降水将明显增加(赵宗慈等,2002;Zhao 和 Luo,1999)。

气候变暖与气候灾害

主要气候灾害

对我国农业生产、经济发展以及人民生活有明显影响的气候灾害主要有：严重干旱或洪涝、热带风暴和台风、沙尘暴、春季的倒春寒和连阴雨、夏季的冷害或长时间炎热、干热风、热浪和酷暑、冰雹、秋季的霜冻或连阴雨、冬季的寒潮与雪灾等。在这一节中将重点介绍旱涝、台风和沙尘暴。有些灾害在后面的章节中另做专述。

旱涝

旱涝是我国气候灾害中一个重要的问题，特别是连续几个季节或连续几年的干旱或洪涝对农业和国民经济的影响更大。

王绍武和赵宗慈等（1979，2001）重建了中国近 500 年和近千年的旱涝型序列，将中国的旱涝按照地理分布特征分成 6 型：1a 为中国东部以涝为主；1b 为江淮涝，江南、华北旱；2 为江南涝，黄河旱；3 为江淮旱，江南及华北涝；4 为黄淮涝，江南旱；5 为中国东部以旱为主，沿海涝。表 1.9 给出了 20 世纪近 50 年每型对应的 4

表 1.9　中国的 6 种旱涝型和近 50 年对应的典型年

（王绍武、赵宗慈，1979；王绍武等，2001）

型	旱涝特征	典型年
1a	中国东部(23°~42°N,105°~120°E)以涝为主	1954,1962,1996,1998
1b	江淮涝,江南、华北旱	1969,1980,1983,1987
2	江南涝,黄河旱	1952,1955,1970,1999
3	江淮旱,江南及华北涝	1961,1976,1985,1994
4	黄淮涝,江南旱	1956,1958,1964,1967
5	中国东部以旱为主,沿海涝	1951,1972,1974,1986

个典型年。例如,中国东部涝年的 1a 型,其典型年为 1954、1962、1996 和 1998 年;又如,中国东部旱年的 5 型,其典型年为 1951、1972、1974 和 1986 年。可以看到,20 世纪 90 年代以我国长江以南多洪涝为主。

我国气温与降水变化之间的关系的研究表明,如前所述,近百年中国气温有变暖趋势,但是降水基本上无趋势变化。气温变化的主周期在 70～80 年,降水大约为 20～30 年。表 1.10 给出了近百年中国气温与降水的组合关系。可以注意到,以 1950 年为界,后 50 年温度降水的组合关系基本上重复前 50 年的特征。但是由于资料只有 100 多年,很难得到确切的结论。后 50 年气候变暖的特征明显,但是降水却每 10 年湿干交替出现(王绍武等,2001)。此外,根据观测资料计算了近 50 年中国年平均气温和中国东部年总降水量之间的相关系数为 0.39,达到 95% 信度水平(0.290)。表明近 50 年气候变暖,对应中国东部降水略增加。

表 1.10　近百年中国气温与降水的组合关系(王绍武等,2001)

1880～1899 年	1900～1909 年	1910～1919 年	1920～1929 年	1930～1949 年	1950～1959 年	1960～1969 年	1970～1979 年	1980～1989 年	1990～1999 年
冷湿	冷干	冷湿	暖干	暖湿	冷湿	冷干	冷湿	暖干	暖湿

台风

中国东部邻接西北太平洋。众所周知,热带西太平洋是全球台风和热带风暴生成最多的地区。因此,每年影响和登陆我国的台风很多,对农业生产、国民经济和人民生活有很大的影响。

我国的气象部门把台风进入到经度 180°以西的洋面作为编号台风,并将登陆我国的台风称登陆台风,每年统计台风数。根据观测资料计算表明,近 50 年编号总台风数年平均为 27 个,最多的 1967 年达到 40 个,最少的 1998 年,只有 14 个。登陆中国的总台风数年平均为 7 个,最多的是 1972 和 1994 年,有 12 个,最少的 1951 和 1998 年,只有 3 个。计算表明:近 50 年编号台风有减少趋势,线性趋势为每 49

年-3.56 个,登陆台风没有明显的线性趋势,为每 49 年 0.06 个。图 1.10 给出了近 50 年年总编号登陆台风数的变化。

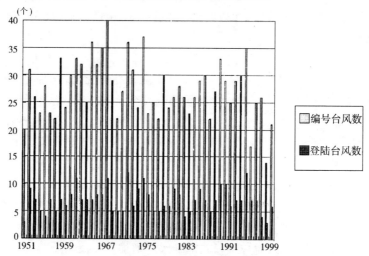

图 1.10 观测的 1951～1999 年年总编号和登陆中国的台风个数的变化
(国家气候中心预测室,个人通信)

近百年的气候变暖对台风是否有影响?计算了近 50 年中国年平均气温与年编号和登陆中国台风总数间的相关系数表明,气温与编号台风数为弱的负相关,相关系数为-0.28,接近 95％信度水平。即:近 50 年中国变暖,相应年编号台风总数略减少。还注意到气温与登陆中国的台风个数无明显的关系。

沙尘暴

沙尘暴是近些年受到公众和各级政府领导极为关注的气候与环境变化问题之一,严重的沙尘暴直接影响了农业生产、交通和人民的健康与生活。

根据近 50 年的观测资料计算表明,我国西北地区的沙尘暴频数有减少的趋势。以西北地区 10 个代表站的观测计算,可以看到,在 20 世纪 50 年代为 156 次,在 20 世纪 90 年代只有 55 次。另一方面,计算还表明,我国西北地区强沙尘暴频数却有增加趋势,20世纪50年代只有5次,到90年代则上升到21次(见表1.11)。但近年来,有些研究也表明,强沙尘暴是呈减少的趋势(王绍武,个人通信)。沙尘暴的多少与其源地气温、降水、干燥度、风等气象要素有关,同时也与陆面裸露状况以及沙化和荒漠化等有关。观测计算可以看到,近50年沙化土地明显扩展(表1.11)。

表 1.11　20 世纪近 50 年中国西北地区和全国年平均气温、中国西北地区沙尘暴频数和强沙尘暴频数的年代际变化(次数)和近 50 年沙化土地扩展速率(任国玉等,2001;王绍武等,2002)

时间	50 年代	60 年代	70 年代	80 年代	90 年代
中国西北气温(℃)	−0.29	−0.09	−0.01	0.15	0.56
中国气温(℃)	−0.10	−0.13	−0.04	0.17	0.59
沙尘暴频数(次数)	156	105	119	93	55
强沙尘暴频数(次数)	5	8	13	14	21
时间	50～60 年代		70～80 年代		90 年代
沙化土地扩展速率(km·a^{-1})	1560		2100		2400

近50年气候变暖,沙尘暴受到影响了吗?为回答这个问题,表1.11中的前两行分别给出了近50年中国西北地区和整个中国的年平均气温距平的变化(相对于1961～1990年平均)。可以发现,我国50年代气温平均为负距平,大约−0.10～−0.29℃,但是到90年代为明显正距平,将近0.60℃。即初步的印象是,气候变暖,对应沙尘暴次数明显减少,而强沙尘暴次数可能增加(或减少)。当然造成沙尘暴的原因很复杂,又由于沙尘暴资料还较为匮乏,对于其定义也有所争议[*],待有了更长的序列以及较为一致的定义,再作进一步的计算和分析研究。

综上所述,气候变暖,各种气候灾害如旱涝、台风和沙尘暴等有

---

[*]　2003 年 3 月,中国气象局对我国沙尘暴现象规定了统一的标准。

可能出现一些异常情况,这是值得我们重视并需要进行深入研究的。

气候变暖的模拟评估与趋势情景

未来的气候变化是政策制定者和公众非常关心的问题,对于制定长远的经济发展规划和安排人民生活都是必不可少的。近些年的研究工作利用全球气候系统模式考虑人类排放,分别模拟检测了 20 世纪的气候变化以及估测与展望 21 世纪的气候变化趋势情景。

20 世纪气候变暖的检测

在展望 21 世纪气候变化以前,首先给出气候模式对 20 世纪中国气候变化的检测。一方面,可以估测 20 世纪气候变暖的可能原因以及与人类排放的关系。另一方面,可以利用观测资料检查气候模式对 20 世纪中国气候变化的模拟能力。

如前所述,观测资料计算表明,20 世纪近百年全球和中国气候变暖。选用 IPCC 2001 年报告中给出的 7 个模式(加拿大气候中心模式 CCC,日本东京大学模式 CCSR,澳大利亚科学与工业委员会模式 CSIRO,德国马普研究所模式 DKRZ,美国普林斯顿大学模式 GFDL,英国气象局模式 HADL,美国国家大气研究中心模式 NCAR)对 20 世纪全球的模拟结果(IPCC WGI Report,2001),专门计算与分析了对中国气候变暖的检测。检测方法是采用计算 20 世纪观测的中国年平均气温、最高和最低温度分别和模式模拟的相应的温度距平的相关系数以及近百年和近 50 年的线性变化趋势(见表 1.12~表 1.17)。作为对比,有些表中还给出中国气象局国家气候中心模式(NCC95)(徐影,2002)和中国科学院大气物理研究所模式(GOALS/LASG)(马晓燕,2002)的相应模拟结果。其中每个模式分别作了 20 世纪的控制试验、温室气体增加试验(GG)和温室气体与硫化物气溶胶同时增加试验(GS)用以检测人类活动对 20 世纪中国气候变暖的可能影响。

计算表明,近百年考虑 GG 或 GS 试验,模式模拟的中国气温与观测气温的相关系数均达到 95% 以上的信度水平(0.208),特别是 GS 试验,相关系数更高,一般都在 0.30 以上,7 个模式的集成为 0.74(表 1.12)。还可注意到,GS 试验 7 个模式集成的线性趋势为 0.38℃·(100a)$^{-1}$ 与观测的 0.39℃·(100a)$^{-1}$ 很接近(表1.13)。这表明,近百年中国的气候变暖可能与人类排放温室气体和硫化物气溶胶的影响有联系。

表 1.12　20 世纪观测和气候模式模拟的中国年平均气温的相关系数(1900~1999 年)

(马晓燕,2002;徐影,2002;Zhao 和 Xu,2002)

气候模式	GG	GS
CCC	0.21	0.61
CCSR	0.32	0.51
CSIRO	0.30	0.42
DKRZ	0.32	0.27
GFDL	0.40	0.43
HADL	0.11	0.31
NCAR	0.36	0.52
平均	0.29	0.44
GCM7	0.37	0.74
NCC95	0.23	0.18
GOALS/LASG	0.19	0.07

类似的计算可看到,气候模式考虑温室气体和硫化物气溶胶模拟的近 50 年中国的最高与最低气温与相应的观测值的相关系数也都达到 95% 信度水平(0.290),这也表明模式具有较好地模拟极端气温的能力,特别是极端最低气温。近 50 年模拟的极端气温的线性趋势计算表明,近 50 年中国的极端最高气温上升了 0.6~1.0℃·(49a)$^{-1}$,比观测资料计算的 0.45℃·(49a)$^{-1}$ 高了一些(表1.15)。观测的极端最低气温近 50 年明显上升了 1.4℃,模式

模拟的增暖为 $0.8 \sim 1.2 \degree C \cdot (49a)^{-1}$，低于观测结果（表 1.17）。显然，这一评估分析表明，人类排放的温室气体和硫化物气溶胶可能对中国极端温度的变暖有一定影响。

表 1.13 20 世纪观测和气候模式模拟的中国年平均气温
变化的线性趋势（1900～1999 年）

（马晓燕，2002；徐影，2002；Zhao 和 Xu，2002）

单位：$\degree C \cdot (100a)^{-1}$

气候模式	GG	GS
CCC	1.93	0.61
CCSR	0.85	0.59
CSIRO	1.33	0.87
DKRZ	0.85	−0.02
GFDL	1.71	0.78
HADL	1.09	0.38
NCAR	3.14	−0.03
平均	1.56	0.45
GCM7	1.53	0.38
NCC95	0.91	1.73
GOALS/LASG	1.15	0.93
观测	0.39	0.39

表 1.14 20 世纪模拟与观测的中国极端最高气温的
相关系数（1951～1999 年）（Zhao 等，2002）

模式	GG	GS
CCC	0.29	0.34
CCSR	0.34	0.22
CSIRO	0.43	0.20
HADL	0.09	0.39
DKRZ	0.29	0.13
平均	0.29	0.25
GCM5(模式集成)	0.39	0.46

表 1.15　近 50 年中国最高气温线性变化趋势

（1951～1999 年）(Zhao 等,2002)　　单位:℃·(49a)⁻¹

模式	GG	GS
CCC	1.13	0.92
CCSR	1.24	1.05
CSIRO	0.90	0.99
HADL	0.67	0.36
DKRZ	1.11	−0.27
平均	1.01	0.61
5 个模式集成	1.01	0.61
观测	0.45	

表 1.16　气候模式模拟与观测的中国最低气温相关系数

（1951～1999 年）(Zhao 等,2002)

模式	GG	GS
CCC	0.58	0.58
CCSR	0.66	0.56
CSIRO	0.56	0.53
HADL	0.35	0.41
DKRZ	0.68	0.10
平均	0.57	0.44
5 个模式集成	0.72	0.74

表 1.17　近 50 年中国最低气温线性变化趋势

（1951～1999 年）(Zhao 等,2002)　　单位:℃·(49a)⁻¹

模式	GG	GS
CCC	1.66	1.16
CCSR	1.33	1.24
CSIRO	0.80	1.09
HADL	0.94	0.47
DKRZ	1.39	−0.04
平均	1.22	0.78
5 个模式集成	1.22	0.78
观测	1.41	

综上所述,利用气候模式对 20 世纪的气候变暖的检测表明,目前的全球气候系统模式对中国的气候变化有较好的模拟能力,近百年的变暖可能与人类排放的温室气体和硫化物气溶胶的增加

有一定的联系。由于近百年中国降水的变化受多种因子影响,与人类活动的关系较为复杂,并且模式的模拟效果不如气温好,因此本节没有给出降水检测的图表。

21 世纪气候变化的趋势情景

政策制定者和公众更关心未来的气候变化。目前的气候预测水平很难作出未来百年中国气候变化的预测,这一部分,利用气候模式考虑人类活动排放温室气体和硫化物气溶胶,给出 21 世纪中国气候变化趋势情景。

气温未来趋势展望

利用 7 个全球气候系统模式展望 20～21 世纪中国年平均气温变化和 9 个代表年(2010～2090 年)的气温变化值、21 世纪气温变化的线性趋势以及 3 个代表年(2030、2060 和 2099 年)的中国气温变化的地理分布分别给在表 1.18、表 1.19 和图 1.11 与图 1.12 中。其中有些图表增加了国家气候中心的全球大气海洋环流模式(NCC95)的模拟结果。

从图表中可以看到,未来考虑温室气体排放增加,或同时考虑温室气体和硫化物气溶胶排放增加,中国气温将明显变暖,例如到 2050 年将变暖 2.35～3.31℃,到 2090 年将变暖 4.51～5.72℃(表 1.18)。21 世纪气温变化的线性趋势可达到 4～5℃·(100a)$^{-1}$(表 1.19)。还可注意到,我国北方较南方变暖更明显,例如到 2099 年我国东北、内蒙古和新疆由于人类排放可能变暖 6～7℃,而华南的变暖则为 2～4℃(图 1.11、图 1.12)。

表 1.18　7 个模式平均展望 21 世纪中国年平均气温变化

(相对于 1961～1990 年)(Zhao 和 Xu,2002)

年	2010	2020	2030	2040	2050	2060	2070	2080	2090
GG	1.54	2.09	2.76	2.93	3.31	3.67	4.36	5.31	5.72
GS	1.32	1.32	1.97	1.58	2.35	2.68	3.37	3.82	4.51

表 1.19 展望 21 世纪气候模式模拟的中国年平均气温变化的线性趋势

（2000～2099 年）（Zhao 和 Xu，2002） 单位：℃·(100a)$^{-1}$

气候模式	GG	GS
CCC	9.22	6.89
CCSR	5.11	3.85
CSIRO	3.88	3.51
DKRZ	4.71	0.69
GFDL	2.95	2.46
HADL	4.08	3.14
NCAR	4.01	−0.28
平均	4.85	2.89
GCM7	5.16	4.15
NCC95	1.30	0.94

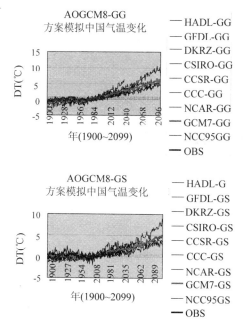

图 1.11 20～21 世纪中国气温变化展望（℃）

（8 个 AOGCM 模拟 GG，GS）（图中黑实线是观测的中国气温变化，

浅实线是所有模式集成的变化）（Zhao 和 Xu，2002）

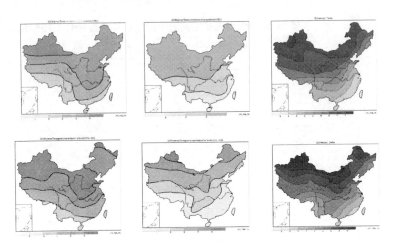

图 1.12 模式平均的 2030、2060 和 2099 年中国年平均气温变化分布（℃）
（相对于 1961～1990 年平均的变化）（徐影,2002）

　　类似地计算了 21 世纪由于人类排放中国极端最高和最低气
温的变化,分别给在表 1.20、表 1.21 以及图 1.13 和图 1.14 中。
计算表明,对于 GG 和 GS 试验来说,21 世纪未来 100 年,中国
极端最高气温可能变暖 4.09～5.03℃·(100a)$^{-1}$（范围为 0.42～
9.02℃·(100a)$^{-1}$）,中国极端最低气温可能变暖 4.11～
4.91℃·(100a)$^{-1}$（范围为 0.68～7.82℃·(100a)$^{-1}$）。

表 1.20　展望 21 世纪中国最高气温度线性变化趋势（2000～2000 年）

（Zhao 等,2002）　　　　　　　单位:℃·(100a)$^{-1}$

模式	GG	GS
CCC	9.02	6.48
CCSR	4.30	3.19
CSIRO	3.52	3.17
HADL	3.43	2.73
DKRZ	4.44	0.42
平均	4.94	3.20
5 个模式集成	5.03	4.09

表 1.21　展望 21 世纪中国最低温度线性变化趋势（2000～2099 年）

（Zhao 等,2002）　　　　　　单位:℃·(100a)⁻¹

模式	GG	GS
CCC	7.82	5.86
CCSR	4.52	3.41
CSIRO	3.56	3.20
HADL	3.86	3.18
DKRZ	4.65	0.68
平均	4.88	3.26
5 个模式集成	4.91	4.11

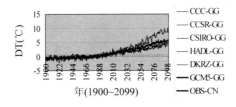

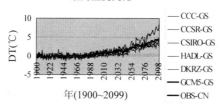

图 1.13　20～21 世纪中国最高气温变化模拟和展望(℃)

(图中黑实线是观测的中国最高气温变化,浅实线是所有模式集成的变化)

（翟盘茂、任福民,1997;Zhao 等,2002）

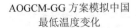

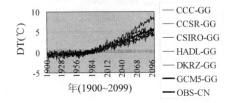

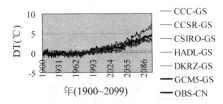

图 1.14 20～21 世纪中国最低气温变化模拟和展望(℃)
(图中黑实线是观测的中国最低气温变化,浅实线是所有模式集成的变化)
(翟盘茂、任福民,1997;Zhao 等,2002)

降水趋势展望

图 1.15、图 1.16 以及表 1.22 和表 1.23 分别给出了 21 世纪由于人类排放,中国年降水量的变化以及 3 个代表年(2030、2060和 2099 年)中国降水量变化的地理分布、9 个代表年(2010～2090年)的降水变化以及未来百年降水变化的线性趋势。从计算和分析中可以注意到,未来由于温室气体排放的增加,中国的降水可能略有增加;如果同时考虑温室气体和硫化物气溶胶排放的增加,中国的降水前 50 年可能略为减少,后 50 年略有增加。其中,考虑温室气体影响,除个别地区外,中国大部分地区的降水可能增加;若同时考虑温室气体和硫化物气溶胶排放增加,则我国北方降水可能增加,而南方降水可能明显减少。

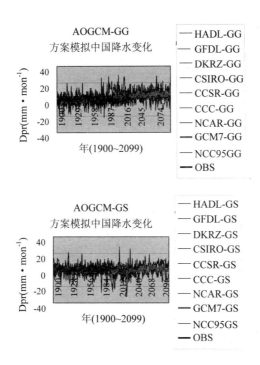

图 1.15 20~21 世纪中国年降水量变化展望(mm·mon^{-1})

(图中黑实线是观测的中国年降水量变化;浅实线是所有模式集成的变化)

(Zhao 和 Xu,2002)

表 1.22 7 个模式平均展望 21 世纪中国年降水量变化(相对于 1961~1990 年)

(Zhao 和 Xu,2002) 单位:mm·mon^{-1}

年	2010	2020	2030	2040	2050	2060	2070	2080	2090
GG	2	0	4	8	6	8	9	5	6
GS	−3	−1	−4	−1	0	0	6	−1	2

总之,对 21 世纪中国气候变化的趋势展望研究表明,由于人类排放增加造成中国的年平均气温将可能继续变暖,最高和最低气温都将变暖,这种变暖在我国北方更明显。降水的变化较为复

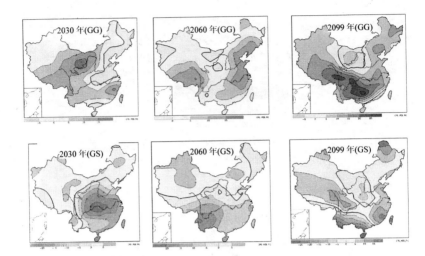

图1.16 未来21世纪各个时期中国年降水变化的地理分布(mm·mon^{-1})

(相对于1961~1990年平均的变化)(徐影,2002)

杂,但是多数模式的模拟结果是我国北方将可能变湿。

表1.23 展望21世纪(2000~2099年)气候模式模拟的中国年降水量变化
的线性趋势 (Zhao 和 Xu,2002) 单位:mm·mon^{-1}

气候模式	GG	GS
CCC	−6	−6
CCSR	12	7
CSIRO	3	1
DKRZ	7	4
GFDL	6	3
HADL	10	10
气候模式	GG	GS
NCAR	−4	9
平均	4	4
GCM7	4	5
NCC95	2	−5

第二章

气候变化(暖)对农业生态和生态环境的影响

对自然植被的影响

植被是指覆盖在地球表面的各种植物群体,如森林、灌丛、草原、荒漠等的总称。植被各种类型的形成和发展变化与其生态环境密切相联,受众多自然和非自然因素影响,前者有如温度、水分、土壤、地形及一些突发性的自然灾害(气候灾害、火山活动、太阳黑子爆发等),后者如人为开垦、森林滥伐、草原过度放牧、人为森林草原火灾等,也包括自工业革命(20世纪)以来人类活动导致向大气排放大量温室气体对植被产生的巨大影响。但是就全球尺度来看,自然植被类型的形成、分布与迁移演变在很大程度上受制于气候。对局地尺度来说,由于植被受局地环境(土壤有效水分)变化和人类活动及其他极端事件影响的不同,这种相关显得不那么密切了。但尽管如此,气候对各种自然植被类型的总体特征,特别是有代表性的特征性植被类型仍然有着决定性的影响。因此,在分析、模拟和预测气候变化对自然植被的影响中,人们仍然可以利用气候-植被模型来评估温室效应气候变暖带来的各种可能影响。

目前,国内外学者从不同的研究角度已经研制了大量的静态、动态、机理和非机理性的数值模型,用以静态或动态地描述(和模拟)气候与植物的相互关系与影响,包括植被的类型结构、地理分布、功能特征及其与土壤、大气的能量、水分交换与平衡等(陈育峰、李克让,1996;丁一汇等,2002;王馥棠,2002;周广胜、张新时,1996;Zhou 和 Wang,2000)。其中,最具代表性且引用较广泛的模型为 Holdridge 生命地带系统模型。Holdridge 生命地带系统认为地球表面的植被类型及其分布基本上取决于 3 个要素,即:年降水、年生物温度与湿度;后者取决于前二者,生物温度又与气温密切相关;可以用这 3 个气候要素来划定各种植物群落组合,总称为生命地带系统。生命地带系统模型既可以从气候上揭示出各种植被类型的存在和分布,还能给出产生该类型植被的热量和降水的数值度量,是一个非机理性的静态模型。但尽管该模型已在许多地区以至全球被应用,到目前为止,仍然没有研制建立起一个能令人满意地模拟气候与植被间复杂关系的数值模型。上述许多已经研制建立的全球气候-植被(或植被-气候)模型在模拟分析植被与气候关系的区域特点、季节变化与垂直高度差异上都具有明显的局限性,从而大大地影响到这些模型作区域尺度应用的模拟评估效果。如,据分析研究,上述 Holdridge 生命地带系统模型在全球不同区域应用时其准确度较小(40%),不能令人满意(丁一汇等,2002)。

我国在这方面的研究大多从 20 世纪 90 年代初开始的。虽起步较晚,但进展较快,近年来已取得了明显的成效。不仅在引进国外代表性模型,修正完善,建立起相应的适合于中国区域植被-气候关系的数值模型;还直接研制了一些中国的气候-植被响应模型(陈育峰、李克让,1996;王馥棠,2002;Hulme 等,1992;Wang 和 Zhao,1994;Zhou 和 Wang,2000)。这些模式繁复程度不一,大多比较宏观,对应的植被类型比较有限,但其共同的特点是可与

GCM 气候模型相联接,模拟研究全球温室效应气候变暖对中国区域植被的可能影响,从宏观演变趋向上提供参考。总体而言,尽管我国的气候-植被(生态系统)数值模型研究已涉及到植被生态系统的类型分布、迁移演变以及系统内的能量、水分、碳养分循环和植被净第一性生产力等各方面,并取得了可喜的进展,但是迄今尚未建立起一套比较成熟的适用于中国区域的气候-植被数值模型。特别是我国具有世界海拔最高的青藏高原和东亚季风气候,更增加了直接引用国外气候-植被生态模型的困难,即更突现其模型局限性。因此,当务之急是,针对中国区域的气候-植被和生态环境的特点,开发研制适用于中国区域的气候变化对植被生态影响的模拟预测模型,以减小对未来可能影响的模拟预测的不确定性。

对特征性自然植被影响的模拟方法

本节将以展示一个比较简单的中国气候-植被模型及其模拟结果为例,具体阐明未来温室效应气候变暖对中国特征性自然植被类型宏观上可能产生的影响。该模型采用 6 个气候参数区间与中国区域最具代表性的 8 个特征性自然植被类型相关联(表2.1),以 1951～1980 年 30 年时段为当前气候基准,通过 0.5°×0.5°网格计算,模拟了中国区域 8 个特征性自然植被类型的现状分布(图 2.1)。在未来气候变暖影响模拟中,以 IPCC 1992 年的温室气体排放设定方案和社会经济影响模式为基础,应用 7 个 GCM 模型(GFDL、GISS、LLNL、MPI、OSU、UKMO-L 和 UKMO-H)及其合成模型模拟输出的中国区域 2050 年气候变化(暖)情景的气候参量,经上述相同的气候-植被模型网格计算,模拟了未来 2050 年温室效应气候变暖对中国特征性自然植被类型的可能影响(图 2.2)。再经与上述现状分布相比较,便可看出其可能演变的总体特征和大致趋向(表 2.1)(Hulme 等,1992;Wang 和 Zhao,1994,1995)。

表 2.1　中国气候-植被模型的气候参数区间与特征性自然植被类型
（Hulme 等,1992；Wang 和 Zhao,1994,1995）。

特征性植被类型	年平均气温（℃）	最冷月平均气温（℃）	最热月平均气温（℃）	大于10℃活动积温（℃·d）	10℃以上日数（d）	年降水量（mm）
寒温带针叶林	−8～2	−38～−25	12～20	750～2500	50～175	250～750
温带针叶阔叶混交林	2～9	−25～−10	16～24	1500～3500	100～200	＞490
暖温带落叶阔叶林	9～14	−14～4	20～28	2500～5500	175～275	＞500
亚热带常绿阔叶林	12～22	2～14	＞24	4000～8000	＞200	＞750
热带季风雨林	22～26	14～21	＞24	＞7500	＞350	＞1200
温带草原	−3～8	−30～−5	15～28	1500～3500	100～200	150～500
温带荒漠	2～12	−30～−5	＞18	2000～4500	100～250	＜200
青藏高原高寒植被	＜8	＜0	＜16	＜2500	＜175	无限制

对特征性自然植被的影响

图 2.1 显示了用上述中国气候-植被模式模拟的中国特征性

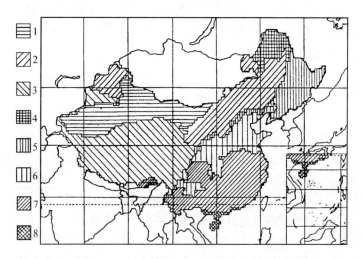

图 2.1　当前(1951～1980 年)气候下我国特征性植被类型的分布
（符号 1～8 分别代表温带荒漠、温带草原、青藏高原高寒植被、寒温带针叶林、
温带针叶阔叶混交林、暖温带落叶阔叶林、亚热带常绿阔叶林和热带季风雨林）

（Hulme 等,1992；Wang 和 Zhao,1994）

自然植被的目前分布状况,它与特征性植被的实际分布吻合较好
(吴征镒,1980;侯学煜,1994)。从东往西植被类型的演变正反映出
一种水分(湿度)梯度的变化,东部的森林(如温带针叶阔叶混交
林)向西逐渐转变为草原(如内蒙古的温带草原),然后转变为荒漠
(如新疆地区的温带荒漠);西南部的青藏高原山多地高,覆盖着典
型的青藏高原高寒(冻原)植被。从北向南,最北部大兴安岭一带占
优势的寒温带针叶林,随着温度的升高,逐步转变为暖温带的落叶阔
叶林,继后又被亚热带常绿阔叶林替代,到最南部为热带季风雨林。

　　历史上曾有过不同于今天的植被分布,这些历史分布可以用
过去的植被的残留物,如花粉粒、化石和古树木的年轮来重建,并
进而推断过去的气候。这也表明气候和植被分布间的密切相关关
系。因此,未来气候变化(暖)也必将对中国特征性自然植被的分布
产生不可忽视的重大影响。为了模拟这种影响,需要设定,如果气
候发生变化(暖),为保持其与气候间的平衡相关关系,植被将会紧
随其后发生相应的变化。这就是应用上述中国气候-植被模型模拟
预测未来气候变暖对植被可能影响的前提条件。然而,由于上述模
式只是以描述中国现有特征性自然植被与气候参数间的关系为基
础建立的,它不能外推到将来可能产生的新的植被类型上,因此,
在模拟未来可能影响时,除上述 8 种特征性植被外,有必要增加一
种新的未定义的植被类型,它包括诸如暖温带荒漠、热带稀树草原
等可能出现的新的特征性植被类型。

　　图 2.2 展现了到 2050 年中国特征性自然植被的可能变化。这
里模拟中使用的是合成 GCM 模式得出的气候变化情景(详见本
书第一章)。从图中可以清楚地看出,未来中国各类自然植被将发
生明显地向北推移。南方的热带季风雨林将扩大,东北地区的寒温
带针叶林和西南地区的青藏高原高寒植被将明显缩小,尤其是寒
温带针叶林将向北移入西伯利亚地区,几乎从中国区域消失。其他
各中介性植被面积上变化不大(表 2.2),但地理位置上将向北推
移达数百公里之多。西北部的新疆地区由于温度相对增加较多,但

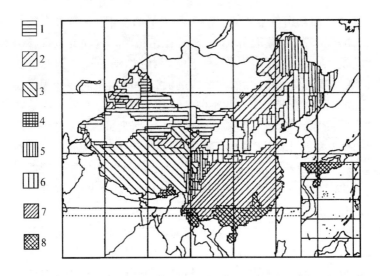

图 2.2　未来(2050 年)气候情景下,我国特征性植被类型的可能分布

(符号 1～8 的意义同图 2.1,空白区表示未定义类)

(Hulme 等,1992;Wang 和 Zhao,1994)

表 2.2　由合成 GCM 模式模拟的 2050 年气候变化情景下

我国特征性自然植被类型分布面积的可能变化

(Hulme 等,1992;Wang 和 Zhao,1995)　　　　　单位:%

特征性自然植被类型	当前气候(1951～1980 年)	2050 年气候	可能变化(%)
寒温带针叶林	2	0	−2
温带针叶阔叶混交林	7	6	−1
暖温带落叶阔叶林	11	11	0
亚热带常绿阔叶林	21	21	0
热带季风雨林	1	7	+6
温带草原	16	11	−5
温带荒漠	14	10	−4
青藏高原高寒植被	28	20	−8
未定义类	0	14	+14

却没有与此相平衡的降水增加,所增加的降水将不足以弥补由于

温度增加引起的蒸发蒸腾所需耗失的水分,所以这一地区将会变得更加干热,相应的特征性植被将可能从目前的温带草原或温带荒漠转变为暖温带荒漠或热带荒漠或稀树草原(即未定义的植被类型)(Hulme 等,1992;Wang 和 Zhao,1994,1995)。总的来说,尽管在不同 GCM 模拟的气候变化情景下模拟预测的植被类型变化有所不同,但所有模拟结果均表明中国特征性自然植被的分布将会发生重大转移变化,而这种转移变化将会对土地利用产生重大影响。尤其是西北地区,将给畜牧业生产带来很大困难。

上述植被的所有这些变化只可能被认为是一种潜在的变化。在数百年、数千年的时间尺度里这种气候与特征性自然植被间的适应平衡是可能发生的。但目前温室效应气候变化迅速,将在几十年里发生,植被不可能如此快地响应或迁移,以与这种快速气候变化保持适应平衡。此外,植被迁移的机制也很复杂,不仅与气候相关,也受制于许多其他因素,诸如土壤退化、人为滥垦乱伐、植物种间竞争、生物多样性以及病虫害和其他自然灾害等。因此,植被对未来气候变化(暖)的实际反应可能与上述模拟预测大有出入。这说明上述模拟预测在科学上还有许多不确定性,需要继续深入研究。但无论如何,以上这些分析还是可以在特征性自然植被类型的未来可能变化的规模和方向上提供一些启迪,也就是说,人们不应把这些模拟结果看成是详细的预测,它们着重于强调这类研究作为未来行动指南的重要性。

对中国自然植被净第一性生产力的影响

植被净第一性生产力(简称 NPP)是指绿色植物的单位时间和单位面积上所能积累的有机干物质,即光合作用合成生物量(常称总第一性生产力)与呼吸消耗量之差,它反映了植物群落在自然环境条件下的生产能力。用以模拟植被净第一性生产力的数学模型称之为生物地球化学模型。目前国内外比较常用的有三种统计模型,即迈阿密(Miami)模型、桑斯威特(Thornthwaite)模型和筑

后(Chikugo)模型。近年来,以 CASA 模型为代表的遥感估算 NPP
模型也取得了较快的进展(丁一汇等,2002;郝永萍等,1998;周广
胜、张新时,1996)。研究表明,总的来看,温度、降水和 CO_2 含量的
变化对 NPP 的影响最大。气候变化对 NPP 的影响是温度、降水和
CO_2 等相互作用及其与土壤和植被相互作用的综合体现。而不同
地域、不同季节的不同植物群落对同一气候变化的响应则明显不
同。利用这类模型模拟估算中国自然植被的净第一性生产力现状,
及 CO_2 倍增后,年均气温增加 2 和 4℃,降水增加 20% 的气候变化
情景下 NPP 的可能变化结果,如表 2.3 所示。

表 2.3　目前及 CO_2 倍增后中国自然植被地带的净第一性生产力

(丁一汇等,2002)

自然植被地带	植被净第一性生产力($t \cdot hm^{-2} \cdot a^{-1}$)		
	目前	温度+2℃,降水+20%	温度+4℃,降水+20%
寒温带针叶林	4.9	6.7	7.0
温带针叶阔叶混交林	6.3~8.2	8.5~11.1	8.8~11.5
暖温带落叶阔叶林	7.3~9.0	9.8~12.1	10.1~12.5
亚热带常绿阔叶林	11.2~16.7	15.1~22.3	15.5~22.7
热带季风雨林	13.0~19.1	17.6~25.5	18.0~25.9
温带草原	2.6~4.9	3.6~6.7	3.7~7.0
温带荒漠	0.9~2.8	1.4~3.9	1.4~4.0
青藏高原高寒植被	3.1~7.1	4.4~9.8	4.7~10.3

　　寒温带针叶林在气温增加 2℃时,NPP 由目前的 4.9 t·hm⁻²·
a⁻¹ 增加到 6.7 t·hm⁻²·a⁻¹;在气温增加 4℃时,NPP 达
7.0 t·hm⁻²·a⁻¹。这表明气候变暖(+2℃)又变湿(降水+20%)
时,NPP 增加幅度较大;但在气温增加 4℃、降水增幅不变(仍为
+20%),即气候变暖和相对变干时,虽仍可使 NPP 增加,其增幅
却较前者明显要小。这说明未来气候变暖时降水多少是限制寒温
带针叶林 NPP 的主要因素。

　　温带针叶阔叶混交林在气温增加 2 和 4℃时,NPP 平均增加

$2.2 \sim 2.5$ t·hm^{-2}·a^{-1}(北部)和 $2.9 \sim 3.3$ t·hm^{-2}·a^{-1}(南部);暖温带落叶阔叶林的 NPP 相应地可超过 9 t·hm^{-2}·a^{-1}(北部)和 12 t·hm^{-2}·a^{-1}(南部)。

广阔的亚热带常绿阔叶林在气温增加 2 和 4℃,降水增加 20%时,北部地区的 NPP 平均增加 $3.9 \sim 4.3$ t·hm^{-2}·a^{-1},南部增加 $5.6 \sim 6.0$ t·hm^{-2}·a^{-1},可达 22.7 t·hm^{-2}·a^{-1}。热带雨林和季风雨林除西部地区外,大部分地区的 NPP 均可超过 22 t·hm^{-2}·a^{-1},增幅达 $5 \sim 6$ t·hm^{-2}·a^{-1}。温带草原在气候变暖变湿或相对变干后,其大部分地区的 NPP 增幅不超过 $1 \sim 2$ t·hm^{-2}·a^{-1};而温带荒漠的 NPP 变化更小,大多不超过 1 t·hm^{-2}·a^{-1},但青藏高原植被对气候变化却比较敏感,在高寒环境下,大部分地区 NPP 仍可增加 $2 \sim 3$ t·hm^{-2}·a^{-1},部分地区 NPP 可高达 10 t·hm^{-2}·a^{-1}之多。

综上所述,在未来 CO_2 倍增,气温增加 2 或 4℃,降水增加 20%时,我国各类自然植被的净第一性生产力均有所增加;湿润地区增加幅度较大,干旱半干旱地区增加幅度较小;气候变暖且相对变干时的增加幅度较小,气候变暖变湿的增加幅度较大。这说明未来气候变暖时限制我国自然植被净第一性生产力的主要因素将是降水不能保持与温度的同步增加,导致植被光合作用所需水分供应不足。

对森林树种的影响

森林是构成植被的主要植物群落之一。各种森林的树木一般均需经历较长时间来生长繁殖。许多树种对其生长繁殖的环境气候条件十分敏感。在某些条件下,平均温度的微小变化可以大大地改变树种的繁殖和树木的生产率。对于未来可能发生的温室效应气候变暖,它不易很快响应;相当多的树种面临不适宜的新的气候条件,可能变得更为脆弱、更易遭受病虫害侵袭和森林大火等不利因素的影响,导致适宜生境缩小,部分树种甚至面临濒危状态。近年来,对我国 5 种主要树种和 2 种濒危树种的模拟研究表明,在未来气候变化情景下(由 7 个 GCM 模式合成的 2030 年气候变化情景),除红松外,适合其余 6 种评估树种的可能分布面积将会减少约 10%,洪桐可达 20%,秃杉面临濒危状态(见表 2.4)(徐德应等,1997;王馥棠,2002)。而对所有气候区的森林生产力,即树木的生长率来说,将有可能增加 1%~10%(表 2.5)(徐德应等,1997;王馥棠,2002)。这与上述植被净第一性生产力的可能变化相类似,均呈增长趋势,只是具体增长幅度较前者要小。然而这只是一种模型模拟的可能变化,如上所述,由于这种模拟研究还存在很大的科学不确定性,所以还不能由此得出任何结论或明确的结论性结果。

表 2.4 未来气候变化情景下(2030 年)7 个树种可能分布面积的变化

(徐德应等,1997;王馥棠,2002)

树 种	目前适宜面积 ($10^6 \, hm^2$)	未来适宜面积 ($10^6 \, hm^2$)	面积变化 (%)
落叶松	43.0	39.0	−8.5
红 松	29.0	30.0	3.4
油 松	77.4	70.1	−9.4
马尾松	158.0	143.0	−9.0
杉 木	138.0	135.6	−2.0
洪 桐	45.4	36.2	−20.0
秃 杉	12.0	5.1	−57.0

表 2.5 未来气候变化情景下(2030 年)森林生产力的可能变化

(徐德应等,1997;王馥棠,2002)

地 区	增加的生产力(%)
热带亚热带地区	1~2
暖温带地区	2~5
温带地区	5~8
寒温带地区	10

对中国荒漠化的影响

荒漠化是当前世界最严峻的生态环境问题之一。据联合国最近公布的资料,目前已经荒漠化或正在经历荒漠化过程的地区遍及世界六大洲 100 多个国家,世界上 1/5 的人口受到荒漠化的威胁,全球约有 36 亿 hm^2 的耕地和牧场正受到荒漠化的影响(慈龙骏,1994)。我国是"荒漠化"大国,荒漠化土地分布于北纬 35°～50° 和东经 75°～125°之间,横贯西北、华北和东北西部的广大的干旱、半干旱和半湿润中纬度地区。据政府相关部门统计和正式公布的资料,我国的荒漠化土地总面积(包括风蚀和水蚀)约为 332.7 万 km^2,占国土总面积的 34%(至 1993 年),近 4 亿人生活在荒漠化或受荒漠化影响的地区(慈龙骏,1994)。可见,荒漠化已严重威胁着人类的生存环境和社会经济的发展,迫切需要开展有关荒漠化问题的研究,以采取紧急有效行动控制荒漠化。

但从 1949 年法国科学家(Aubreville)提出荒漠化概念以来,对"荒漠化"的理解,科学界一直存在分歧。经过反复讨论,1994 年联合国在"防止荒漠化公约"中给出了最新的明确的定义,即"荒漠化系指包括气候变化和人类活动在内的种种因素造成的干旱、半干旱和亚湿润干旱区的土地退化"(慈龙骏,1994)。而土地退化是指在一种或一组因素的作用下雨育耕地、灌溉耕地或天然草原、牧场和林地的可再生自然资源潜在生产力的降低或丧失,包括由风蚀、水蚀而造成的土壤物质的流失;经过盐渍化、酸化、干化、养分枯竭、板结等物理、化学和生物过程导致土壤特性蜕变和退化以及自然植被的长期耗失。

上述"荒漠化"定义明确指出了以下三个概念:①"荒漠化"是在气候变化和人类活动等多种因素的影响下发生发展的;②"荒漠化"发生在干旱、半干旱和半湿润半干旱地区,这就给出了荒漠化产生的背景条件和分布范围;③"荒漠化"是发生在干旱、半干旱和半湿润半干旱区的土地退化,而这些地区以外发生的土地退化现象不属于荒漠化。由此可见,气候干旱多变与荒漠化密切相关,是影响荒漠化发生发展的主要自然因素,而人类活动的频繁甚至过度增加也将直接影响到荒漠化的演变发展,起着加速加剧或延缓减弱作用。

显然,荒漠化与沙漠化是两种不同的概念(慈龙骏,1994;丁一汇、王守荣等,2001)。前者是从生态角度来说明环境的退化,包括各种形式的生态环境恶化以及与此有关的社会问题;后者主要是从地表形态的变化来说明环境的退化,范围较小,广义上也是荒漠化的表现形式之一。但是上述荒漠化定义没有给出具体的规范化量算指标和方法,因此对我国荒漠化土地总面积的估算至今尚未得出比较一致认定的结果,需要人们进一步研究。根据联合国的上述定义和相关的统计资料和估算方法,推算出的我国现有干旱区和荒漠化土地总面积及其在温室效应气候变暖条件下所受到的可能影响见表 2.6(周广胜等,1997)。从表 2.6 的估算结果可以看出,随着大气中 CO_2 含量的增加,未来 30~50 年,当平均温度上

表 2.6　目前及温室效应气候变暖条件下的我国干旱区和荒漠化土地的估算(周广胜等,1997)　单位:万 km^2

		极端干旱区 (<0.05)	干旱区 (0.05~0.20)	半干旱区 (0.21~0.50)	半湿润区 (0.51~0.65)	湿润区 (>0.65)	总干旱区 (0.05~0.65)	荒漠化土地
1951~	面积	69.7	137.0	108.0	52.6	592.7	297.6	278.0
1980 年	%	7.3	14.3	11.2	5.5	61.7	31.0	29.0
温度 +1.5℃	面积	76.6	142.7	108.9	64.8	567.0	316.4	298.0
	面积变化	+6.9	+5.7	+0.9	+12.2	−25.7	+18.8	+20.0
	%	8.0	14.9	11.3	6.8	59.1	33.0	31.0
温度 +4℃	面积	81.3	156.4	116.2	109.3	496.8	381.9	348.6
	面积变化	+11.6	+19.4	+8.2	+56.7	−95.9	+84.3	+70.6
	%	8.5	16.3	12.1	11.4	51.7	39.8	36.3
温度+4℃ 降水+10%	面积	78.6	146.9	108.4	78.1	548.0	333.4	312.0
	面积变化	+8.9	+9.9	+0.4	+25.5	−44.7	+35.8	+34.0
	%	8.2	11.3	11.3	8.1	57.1	34.7	32.5

注:括号内的数据为干旱指数。

升 1.5℃时,我国干旱区总面积将会扩大 18.8 万 km²,而湿润区将缩小 25.7 万 km²;当平均温度上升 4.0℃时,干旱,半干旱和半湿润半干旱区面积将扩大 84.3 万 km²,湿润区将缩小 95.9 万 km²;期间,荒漠化面积将扩大 70.6 万 km²,达 348.6 万 km²。虽然这些估算的误差可能较大(可达±10%),但它确实给出了一个令人十分不安的可能发展趋向和概貌。也就是说,未来温室效应气候变暖将会加剧我国的荒漠化过程,使我国的干旱区范围和荒漠化土地进一步扩大。这将给我国社会经济的发展,尤其是农业、牧业的土地利用和生产的可持续发展产生重大影响。

对农业气候资源的影响

在讨论气候变化对农业气候资源的影响时,首先要了解什么是农业气候资源。

我们知道,气候是进行农业生产的自然环境中最基本、最重要的条件之一。气候年复一年,周而复始地为农业生产提供着光、热、水、空气等能量和物质资源。因此,从农业的观点看,气候是一种重要的农业自然资源。一般把农业生产所能利用、开发的那一部分气候资源称为农业气候资源。农业气候资源主要由光(辐射)资源、热量资源、水分资源和风资源等组成。其中光资源包括太阳总辐射量、光合有效辐射量、日照时数;热量资源包括积温(一定界限温度以上的逐日平均气温累积之和)、生长期、无霜期、最热月平均气温等;农业水分资源包括降水量、土壤储水量等。各种农业气候资源的数量及其组合匹配对农业类型、种植制度、作物种类及农业产量起着很大的作用。

前面已经谈到,大气中 CO_2 和其他温室气体浓度增加导致空气温度升高,并引起降水等其他一系列气候要素的变化。因此可以想象,气候变化势必会引起与农业生产有关的农业气候资源在数量、时间和空间上的变化。

目前有关光(辐射)资源变化问题的研究尚不很多。同时对农业生产实际来说,温度、水分作为农业生产气候环境的限制因素,其影响相对来说比对光的影响更大一些,因此本节将重点谈谈气候变化对光(辐射)资源热量资源和土壤水分资源的影响。

对光资源的影响

光资源(太阳辐射)是重要的农业气候资源之一。一方面,它以热效应形式给地球创造了温度环境,使生物得以生存;另一方面,也是更重要的,光对绿色植物表现出光合效应、形态效应和光周期效应,从而使植物能够正常地生长、发育及形成产量。

科学上通常从光量、光质和光时三个方面描述和分析评估光资源。光量是指在一定时间内投射到单位土地面积上的太阳辐射能量。从农业气候资源的角度来看,除全年太阳辐射总量以外,还要考虑与作物生长相关的一定界限温度期间内的辐射量。光质是指太阳辐射的光谱成分及各波段所含能量。太阳光谱从 170~4000 nm。其中能够为植物进行光合作用所用的辐射只分布在 380~710 nm 波段之间的辐射,通称光合有效辐射。其他波段的光,有的对植物有形态效应,如使植株变矮、叶片变厚等;有的则对植物有害。但是,受到普遍关注的波段是只占总辐射能量 6% 左右的紫外线辐射。其中波长在 200~280 nm 的紫外线辐射 C 区(UV-C)对人体有较大危害,但几乎在高层大气中全部被臭氧(O_3)吸收。波长 320 nm 以上的 A 区(UV-A)很少被 O_3 吸收,它几乎对人类无害,其中靠近可见光的部分常使植株低矮粗壮、叶片增厚、抗倒伏,有利于作物密植增产。在我国高原地区这一作用比较突出。关键问题是在波长为 280~320 nm 的 B 区(UV-B)紫外辐射。据研究,这部分辐射增强时有可能使植物叶面积明显减少,发育期推迟,净光合作用减弱,影响气孔开闭而使蒸腾作用降低。这些最终将导致作物干物质积累量下降,产量减少。另外,UV-B 还有加速植物衰老的作用。当然,众所周知,UV-B 如果到达地面,对人类影响也很大,会引起皮肤癌、皮肤晒黑、老化、多皱及眼疾、雪盲等(王绍武,1989)。所幸的是,通常情况下,UV-B大部分会被O_3吸收。光时是指光照的时间,包括太阳的可照时间和实际观测到的日照时数。前者决定着植物的光周期现象,随地球纬度和季节而变化;后者的数量多少及其与温度、降水的匹配程度,决定了不同地区农业气候资源的优劣。

> 雪盲是由于阳光中紫外线在雪面反射而导致的视觉损伤或短时的盲觉。当时眼睑下如有沙砾感、视觉眩光而有双影,误认为盲。大多数情况在不用药物治疗而可在18小时后恢复视觉。戴能吸收紫外线的有色眼镜,可起预防作用。

未来气候变化对于光资源有什么影响呢?关于这方面的研究很少,特别是光谱成分的变化,由于缺乏历史资料和高精度的观测数据,研究进展很慢。但是,自从20多年前,第一篇报道平流层O_3可能减少以来,未来UV-B辐射的变化及其对高等植物的影响引起了人们的关注,成为一个热点研究课题(王春乙等,1997)。也使气候变化对光资源影响的研究有所进展。

大气中O_3存在于地面到60 km之间的大气中,最大浓度在$25\sim35$ km范围内。也就是说,O_3主要分布在平流层。平流层中的O_3有防止有害的紫外线辐射到达地面和吸收紫外线辐射,从而改变平流层温度这两个作用。正常情况下,O_3浓度相对稳定,O_3处于平衡状态。但是,近几十年来,工业生产过程中产生的氯氟碳化物(CFCs)等微量气体迅速增加,进入平流层后产生光化学反应,加速了O_3的分解,造成平流层O_3减少。实际观测和卫星探测到的结果已经证实南极上空臭氧洞在不断扩大,越来越多的科学家认为这与大气中CFCs等微量气体迅速增加有密切关系。

既然平流层中的O_3有防止紫外线辐射到达地面的作用,那么平流层O_3减少后地表UV-B辐射将增强多少呢?国外许多科学家进行了深入地研究,但由于研究手段不同,所得到的结论相差甚大。目前大多数人采用Caldwell的试验结果,即O_3每减少1%,UV-B将增加2%;也有研究表明可能增加1%(王春乙等,1997)。为了解决由于缺乏历史数据作为本底估计而难以得到比较准确结果的难题,一些科学家采用计算的方法,估算UV辐射的变化。理论计算可以得到不同纬度、不同太阳高度角在不同O_3减少率下的UV-B增加率。有的结果接近于1%,比Caldwell的实验结果2%偏低(王春乙等,1997)。我们绝对不能小看这个数字。根据预测,即使全球都按照蒙特利尔议定书对人为排放CFCs的生产进行限制,在2000年全面禁止生产和排放,则到2050年中高纬度的臭氧消耗将达4%～12%,热带地区将为2%～4%(王春乙等,1997)。

因此,对于未来O_3减少导致太阳UV-B辐射的增强及其对农业的潜在影响,还需进行长期和深入的定量研究。

蒙特利尔议定书

氯氟碳化物(CFCs)是大气中含有的一种温室气体,它是一种人造化学物质。由于它们恰好在室温以下就可以汽化,而且是无毒和不可燃的,所以用于制冷器和气溶胶喷雾罐是很理想的。但它们在化学上是很不活泼的,一旦释放到大气中,可以滞留很长时间——100年或200年。由于在20世纪80年代它们的使用量快速增长,目前它们在大气中的浓度已经升高,约为1ppbv(10^{-9}体积比),这似乎并不怎么大,但已足以引起两个严重的环境问题。一是其温室效应很大,一个CFCs分子所具有的温室效应要比一个CO_2分子大5000～10 000倍。虽然其在大气中的浓度很低,但据估算目前其温室效应在热带地区大约是0.25 $W \cdot m^{-2}$或者说是所有温室气体总辐射强迫的20%左右。只有到了下一个世纪,才会缓慢减小。更为重要的一个环境问题是它们破坏臭氧。当CFCs分子移动到平流层时,它们含有的氯原子被紫外太阳光的作用分解出来,与臭氧发生快速反应,将臭氧还原为氧,这一过程是一种催化循环过程,即一个氯原子可以破坏许多臭氧分子进而使平流层臭氧减小,以致出现"臭氧洞",其结果是使得到达地球表面的紫外辐射增多,对人类及其他形式的生命造成损害。

> 由于CFCs有这些严重后果,许多国家采取国际行动,于1987年签署了"关于消耗臭氧层物质的蒙特利尔议定书",用以管理CFCs排放。它与1991年的伦敦修正案和1992年的哥本哈根修正案一起,要求工业化国家在1996年、发展中国家在2006年完全停止CFCs的生产。由于这一行动,大气中CFCs的浓度将不再增加。但由于其在大气中的存留时间很长,即其寿命很长,因此需要一个世纪或更长时间,其对全球变暖的贡献及对臭氧层的破坏才能减小到忽略不计。

对热量资源的影响

一定界限温度以上的累积温度及其持续日数是评价地区热量资源的重要指标之一。一般以日平均气温≥0℃积温反映地区农事季节内的热量资源,而以≥10℃积温来反映喜温作物生长期内的热量状况。

我国日平均气温≥10℃积温及≥10℃的持续日数从北至南逐渐增加。黑龙江北部在1500～2000℃·d,东北、内蒙古大部为2000～3000℃·d,华北平原为3500～5000℃·d,秦岭、淮河以南至南岭山地在4500～6000℃·d左右,南岭以南各地≥10℃积温大多在6500～8500℃·d以上,海南岛南部和南沙群岛多达9000℃·d以上。

当大气中CO_2浓度含量倍增、气候变暖时,热量资源会发生什么变化呢?较早的做法是先统计分析代表站点年平均气温与≥0℃积温、≥10℃积温的相关关系,然后根据大气环流模式(OSU等)模拟的CO_2倍增时我国各地年平均气温的变化来估算未来积温的变化。按照这种方法和所选的模式,当CO_2倍增时,各地积温将普遍增加。其中黑龙江北部、内蒙古东北部≥10℃积温可达3000℃·d左右;东北大部为3000～4000℃·d;华北平原将增至4000～5500℃·d;长江中下游至南岭将达到5500～8000℃·d,而南岭以南则将普遍增至 8000℃·d 以上。经统计,全国平均增幅约为 15％左右(高素华、潘亚茹,1991)。

日平均气温≥10℃期间的持续日数可以反映喜温作物的生长期长度。该研究进一步统计了≥10℃持续日数与积温的关系,进而根据上面估算的积温的增加情况推算出持续日数的变化。从表 2.7 列出的部分地点 CO_2 倍增时≥10℃积温和持续日数的变化可以看出,未来≥10℃持续日数将随≥10℃积温的增加而延长。

表 2.7 CO_2 倍增时≥10℃积温和持续日数的变化

(高素华、潘亚茹,1991)

地 名	≥10℃积温 (℃·d)	CO_2 倍增时≥10℃ 积温的变化(℃·d)	≥10℃持续日数 (d)	CO_2 倍增时≥10℃ 持续日数的变化(d)
沈阳	3536	＋522	181	＋33
北京	4038	＋490	200	＋31
太原	3417	＋686	176	＋43
济南	4326	＋265	211	＋17
银川	3298	＋583	172	＋37
兰州	3245	＋534	178	＋34
西安	4341	＋627	208	＋40
贵阳	4633	＋843	222	＋53

在农作物生长季内,当地表面温度降至 0℃线以下时,大多数喜温作物会受到霜冻危害。农业生产中常用地面最低温度≤0℃的初、终日期以及初终日之间的日数(无霜期)来衡量作物大田生长时期的长短。我国东北、内蒙古、黄土高原、新疆等地的无霜期一般为 100～150 天,华北平原为 180～200 天,南岭以南和四川盆地为 300 天以上。

研究 CO_2 倍增情景下无霜期变化的方法和研究积温变化的方法相似,首先需要确定无霜期与年平均气温的相关关系。据研究,当 CO_2 倍增时,全国无霜期随年平均气温的增加而延长:哈尔滨将延长 31 天,北京延长 30 天,南京可增加 29 天,全国平均大约延长 1 个月左右(高素华、潘亚茹,1991)。

　　农作物生长除了要求一定界限温度的持续日数和累积温度外,还需要有一定的高温条件,喜温作物或热量不足的中高纬度地区尤其如此。因此,评估地区热量资源时通常还考虑夏季平均气温或最热月平均气温。有关研究用 5 个大气环流模式得出了我国夏季气温将变暖 $1.8\sim5.1℃$(赵宗慈,1989)。其中东北地区夏季气温将升高 $2.4℃$ 以上,这可使 $\geqslant10℃$ 积温增加 $200℃\cdot d$,无疑对减轻夏季低温冷害的影响具有重要意义。

　　我国东北、内蒙古地区地处北纬 $38°$ 以北的中温带、北温带地区,热量资源不足,冬季严寒、夏季温和或温凉,热量资源不足限制了农业的发展。在全球变暖的一般认识下,中高纬度受益显著,故中国东北地区未来的气候变化特别是热量资源的可能变化趋势是人们十分关注的问题。

　　据研究,东北气温升高 $1℃$ 时,作物有效生育期将延长 8 天,$\geqslant10℃$ 积温增加 $200℃\cdot d$,主栽品种可向晚熟方向移 $1\sim2$ 个熟型,农业气候带将北移 $100\ km$,向东部山区移 $70\sim80\ km$,向高海拔方向移 $200\ m$ 左右(马树庆,1996)。

　　有人根据 4 个大气环流模式(GISS、GFDL、OSU、UKMO)CO_2 倍增的试验结果,计算了东北松嫩草原 33 个气象站在未来这 4 种气候变化情景下 $\geqslant0℃$ 和 $\geqslant10℃$ 积温及持续日数的变化情况。如果取 4 个模式预测结果中增温幅度居中的 GISS 模型的预测结果,则年平均气温将增加 $3.7\sim3.9℃$,未来 $\geqslant10℃$ 活动积温将增加 $366\sim438℃\cdot d$,持续日数可延长 $15\sim17$ 天(邓惠平、刘厚风,2000)。

　　随着研究的深入,人们认识到以年平均气温与积温、无霜期的相关关系来分析未来农业气候资源的变化及其对农业的影响显然是比较粗略的,即使用季作为时间尺度也很不够。于是,有研究将海洋大气耦合模式 DKRZ OPYC 对中国东北地区的模拟结果(各个季节的差值)叠加到当前气候平均场,通过时间插值生成月气候值。再利用一种叫做随机天气发生器的统计模型,将月气候值生成逐日气候情景,在此基础上,再计算未来水热条件的变化(吴金栋等,2000)。其结果是,在 CO_2 倍增气候情景下,中国东北地区的生长季(≥10℃持续日数)从南到北将普遍延长;其中:黑龙江大部分地区将延长 10~15 天,吉林 16~28 天,辽宁将多达 30 天(图 2.3)。未来积温的变化与该气候模式模拟的增温分布相一致,自东南向西北部递减(图 2.4)。由于生长季延长,积温增加,热量条件趋于变好,作为限制当前东北农业高产稳产的低温冷害有可能缓解。

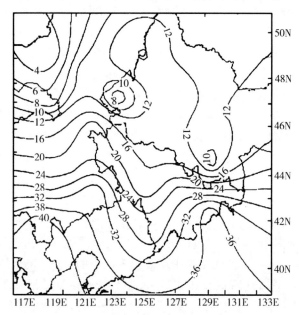

图 2.3 中国东北地区未来生长季的变化(d)

(吴金栋等,2000)

事实上,近十几年,东北地区已呈现出明显的变暖趋势,成为中国北方地区增温十分明显的地区之一。据对东北地区近 50 年 ≥10℃积温变化的分析(王春乙等,2001),1951~1980年东北大

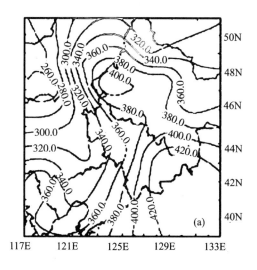

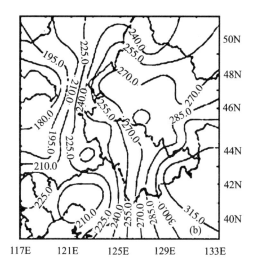

图 2.4　中国东北地区未来积温的增加分布(℃)

(吴金栋等,2000)

部分地区≥10℃积温为 2000～3500℃•d,其中北部和东部半山区为 2000～2400℃•d,中部为 2400～3000℃•d,南部为 3000～3500℃•d。1981～1990 年大部分地区比前 30 年增加 100℃•d 左右(图 2.5),呈变暖趋势;而 1991～2000 年则比 1951～1980 年增加多达 100～300℃•d,变暖趋势更为明显(图 2.6)。比较两图可以看出,中、北部地区积温带大约北移 1～3 个纬度,南部北移 1～2 个纬度。三省中以黑龙江和吉林变暖趋势更为明显,20 世纪 90 年代春季回暖早,秋季变冷迟,农作物生长季延长,≥10℃积温增加显

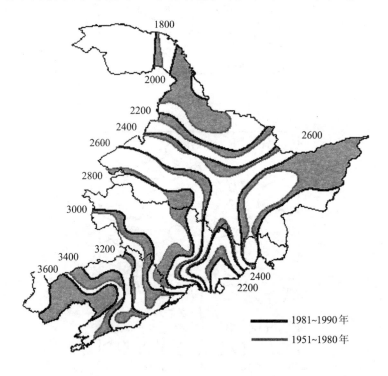

图 2.5　东北地区 1951～1980 和 1981～1990 年≥10℃积温分布(℃•d)

(王春乙等,2001)

著。在这种气候状况下,作物播种期比过去提早 10～15 天,相当于
延长生育期 10 天以上。20 世纪 90 年代东北各种作物的中晚熟品
种种植区域已向北、向东扩展,粮食产量有一定的提高。

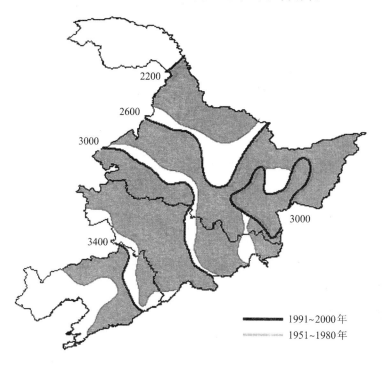

图 2.6 东北地区 1951～1980 和 1991～2000 年≥10℃积温分布(℃·d)
(王春乙等,2001)

安徽省位于南温带南部和北亚热带北部,是南北气候条件的
过渡带,对未来气候变化的响应也十分敏感。根据对安徽各地
≥10℃积温及持续日数、无霜期与年平均气温关系的研究(王效
瑞、田红,1999)得知,当年平均气温变化 1℃时,≥0℃和≥10℃积
温均将增加约 350℃·d,≥10℃持续日数将变化 11～12 天,无霜期
将延长 16～17 天。作者进一步根据热量资源的这一变化,推算出未

来气候变暖对安徽种植制度的影响。当年平均气温升高 1℃时,种植制度将北移 2.44 个纬度,东移 2.78～4.92 个经度,向高处移 235.5 m,相当于复种指数提高 7.2%。从这一点来看,安徽农业从气候变暖的获益程度还是比较高的。

对农业水分资源的影响

我国水资源短缺,北方地区降水较少,年际变化大,农田水分供需矛盾十分尖锐,大范围持续干旱连年发生,对农业生产乃至国民经济造成严重影响。在未来气候变化的大背景下,降水、温度的变化将会对农业水分状况产生什么影响,农业生产应采取什么样的适应对策,是政府决策者和农业生产经营管理者所十分关心的问题。

农业水分资源包括降水量、土壤储水量等等。由于降水变化过程的复杂性,对降水变化的预测有较大的不确定性,因此各种气候模式的模拟结果数量上差异较大。据一项用 5 个大气环流模式估算的综合结果,冬季我国渤海沿岸和华南降水将减少,其他地区将增多,尤以西部和东北大部可能性为大。夏季降水除黄河中下游和武汉附近减少外,全国大部分地区将增加(赵宗慈,1989)。

对于农业水分资源研究来说,既要知道作为农业水资源根本来源的大气降水量的数量,同时还要了解农田的水分含量,以及大气降水与农作物需水量之间的供需状况,即水分盈亏状况。农作物需水量一般用潜在蒸散量和作物蒸散系数的乘积表示。而潜在蒸散量则主要取决于气候条件。因此可以说除了土壤特性和作物特性外,农田水分状况与气候要素有很大关系。

利用比较宏观和简化的内岛善兵卫公式可以评价气温变化对我国不同地区月蒸发率的影响(高素华、潘亚茹,1991)(表 2.8)。发现温度升高对蒸发率的影响夏季大于冬季,北方大于南方。CO_2 倍增时,1 月北方月蒸发率增加 10% 左右,南方增加 4%;7 月北方增加 18%,南方增加 10% 左右。

表 2.8　我国不同地区 CO_2 倍增时月蒸发率的变化

(高素华、潘亚茹,1991)　　　　　　　　单位:mm

		成都	兰州	北京
1 月蒸发率	气候平均	26.8	25.0	37.3
	CO_2 倍增	28.8	29.3	41.3
7 月蒸发率	气候平均	79.2	141.1	98.8
	CO_2 倍增	88.1	168.9	115.4

　　潜在蒸散量(或称参考作物蒸散量)是指充分湿润草地的最大可能蒸发量,它表示大气的蒸发能力,是反映一个地区大气干燥程度的很重要的物理量,其数量大小主要由辐射、温度、风速、水汽压等气象要素决定。在假设其他气候要素不变的情况下,随着未来温度的上升,潜在蒸散量有可能相应变大。有一项研究根据气候模式模拟结果所设定的温度变化情景,计算得到我国各地 CO_2 倍增时潜在蒸散将增加3%～8%左右,由北向南逐渐加大。另外,气候变暖使潜在蒸散的季节分配也发生一些变化,冬季变化最大,其次是秋季,夏季最小。这一季节差异可能和气温增加的季节差异相一致(气候变化对农业影响及其对策课题组,1993)。

　　根据上面提到的 5 个大气环流模式估算的综合结果(赵宗慈,1989),CO_2 倍增时土壤湿度将发生变化:冬季,我国南方大部分地区土壤将变干,北方大部分将变得湿润;夏季中部地区较大范围内将变干,尤其是河套附近和东北地区变干的可能性更大。

　　另有研究从作物生长的角度,详细分析了气候变化对作物根层土壤水分状况的影响(气候变化对农业影响及其对策课题组,1993)。该研究以降水和蒸散的差值表示土壤水分状况,认为如果蒸散量采用只考虑温度的桑斯威特公式估算,则土壤水分状况可归结为由温度和降水 2 个气候因子所决定。同时,考虑到大气环流模式对降水变化估算的不确定性,该研究避开降水量的预测结果,而根据大气环流模式输出的气温值(采用综合结果),反过来推算维持当前气候条件下的土壤水分状况所必需的降水量变化的临界

值。计算是对冬小麦、棉花全生育期及冬小麦各生育阶段分别进行
的(图 2.7)。得到的结果是，在由当前气候条件决定的小麦生育期
内，如果未来雨量增加，且增加量随纬度而递减，并普遍达不到临
界值(这是 GCM 的模拟输出之一)，则华北麦区干旱将会加剧，四
川麦区的土壤水分状况将会变干、变差，目前有水分盈余的长江流
域将变得比较适宜；而如果未来降水量比目前还少，则将出现全国
范围的土壤干旱，西北地区沙漠化将变得严重；倘若未来降水量的

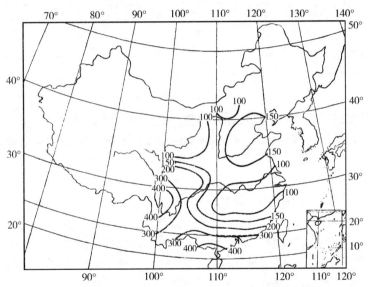

图 2.7　冬小麦全生育期维持当前气候条件下土壤水分状况的
降水变化临界值(mm)

(气候变化对农业影响及其对策课题组,1993)

增加普遍高过降水量的临界值，则除长江流域会变得过于潮湿外，
其余地区土壤水分状况均将向好的方面转化，尤其是西北地区的
土壤变湿润将给小麦生产带来明显的好处。该研究的结论是，当气
候变暖时，作为主要麦区的华北平原将是突出的农业脆弱地区，最

容易受到更加严重的干旱威胁。

　　另一研究揭示了气温升高时因蒸发变大而导致的华北地区冬小麦水分亏缺状况在时间和空间上的特征(王石立、娄秀荣, 1996)。据计算,华北地区冬小麦全生育期内农田蒸散量(可视为作物需水量)将比当前气候下大 8%～12%,而实际蒸散只增加 1%～2%,其结果是将导致水分亏缺加大。这种响应以华北冬麦区的北部和西部尤为明显,时间上则以小麦拔节、抽穗阶段更为突出。当气温升高 1.5℃时各地小麦全生育期水分亏缺量将比当前气候下增加 30～50 mm(图 2.8),约增 14%～30%。亏缺量为−300 和−250 mm 的等值线将明显向南移动,西段南移达 140～190 km(图 2.9)。水分亏缺量加大将使华北地区冬小麦水分胁迫严重的

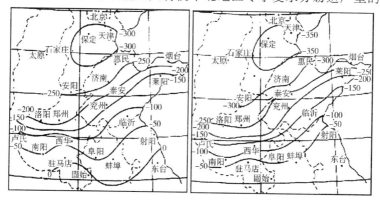

(a)当前气候下冬小麦全生育期　　　　(b)温度升高 1.5℃时冬小麦全生育期
　　水分亏缺量(mm)　　　　　　　　　水分亏缺量(mm)

图 2.8　温度升高 1.5℃时冬小麦全生育期的水分亏缺量(mm)

(王石立、娄秀荣,1996)

地区扩大,水分不适宜区范围向南扩大,适宜区缩小。全生育期水分亏缺加剧引起的小麦减产值将比当前气候下大 8%～20%。灌溉额将增加 25%～33%,使生产费用提高。因此,可以认为,气候变暖可能使农业热量资源增加,种植界限北移。但华北地区温度升

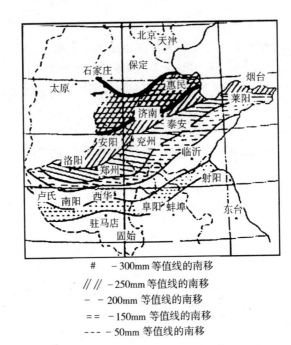

- 300mm 等值线的南移
/// - 250mm 等值线的南移
- - - 200mm 等值线的南移
== - 150mm 等值线的南移
--- - 50mm 等值线的南移

图2.9 温度升高1.5℃时冬小麦全生育期水分亏缺量等值线的南移
(王石立、娄秀荣,1996)

高后水分亏缺程度可能加重。在有灌溉条件的地区,冬小麦可能增产,但灌溉增加将使生产成本提高。而在没有灌溉条件的地区,水分胁迫加剧则将导致减产。这些变化对华北地区农业的持续发展十分不利。因此气候变暖时热量、水分资源会发生相应的、不同组合的变化,热量资源增加的正效益有可能被水分不足所限制或抵消。因此,在分析气候变化对农业的影响时,应综合考虑热量资源和水资源的匹配组合情况。

松嫩草原是我国重要的温带草原之一。根据大气环流模式(GISS)CO_2倍增数值试验的结果,未来该地区年平均气温将升高3.5~4.0℃,年降水量增加10%,四季降水除冬季外一般均为10%~15%。在这种情景下,以月为时间尺度,根据土壤水分平衡模型计算出松嫩草地未来夏季实际蒸发将增加 64%左右,冬季减少 10%~20%。土壤有效水分全年各月均有可能减少,其减少程度因土壤类型、季节而异。总体上说,未来气候变化情景下松嫩草地土壤将变干(邓惠平、祝廷成,1999)。

除了北方以外,另有一些研究分析了未来气候变化对江淮地区农田蒸散量的影响。以安徽的江淮地区为例,研究表明,在假定空气湿度、日照和风速不变的前提下,年平均气温升高 1℃将引起农田蒸散量增加 3.9%~4.0%,加剧干旱的影响(王效瑞、田红,1999)。与此相类似,另一研究以农田蒸散量近似表示农业耗水量,也得出温度升高将导致长江三角洲地区各种农作物耗水增加的结论,即每上升 0.5℃,小麦耗水每公顷将增加 30~75 m^3,水稻将增加 60~67.5 m^3。研究还估算出,如果考虑到未来耕地面积有可能减少的发展趋势,则未来农业耗水量比起当前来有可能明显减少(缪启龙等,1999)。

另外,还有研究利用 NCEP/NCAR 的近 40 年再分析资料中的 7~8 月华北地区全区平均的水资源各分量(包括蒸散量——植被蒸腾和地表蒸发,水资源总量——降水量与蒸散量差以及地表径流量和土壤含水量等)资料,分析它们与华北 7~8 月平均气温和降水量的关系(范广洲等,2002)。发现近 40 年,华北地区夏季气温呈上升趋势,而蒸散量、水资源总量呈减少趋势,尤其水资源总量减少非常明显。这一结果说明华北夏季近 40 年为变暖、变干的趋势。该研究者进一步建立了水资源各分量与气温、降水的统计模型,用来评估气候变化的影响。结果显示:当气温升高 1℃时,地表径流量将减少 69.2%,水资源总量将减少近 40%,蒸散量、土壤水分的变化均在 10%以下;当降水量减少 20%时,地表径流量将减少 56.1%;而当降水量增加 20%时,地表径流量将增加 65.6%,蒸散量和土壤水分受到的影响则相对较小;降水量增减 20%时,蒸散量仅变化 5%左右,土壤水分的变化则不到 10%。至于气温、降水同时变化的影响,计算结果表明,主要取决于降水量的变化。

若降水增加,无论气温如何变化,水资源各分量均增加。受二者同时变化影响最大的是地表径流量,其次是水资源总量。

该研究者认为所得 40 年华北气温上升而蒸散量、水资源总量减少的结果与以往的有关气温升高、蒸散加大的认识不相一致,原因可能是该研究所用的蒸散量是预报模式根据水热平衡计算的实际蒸散量,而以往工作利用的蒸散量是地表有充足水分可供蒸散时的蒸散量。

对农业气象灾害的影响

我国是季风气候非常明显的国家。由于季风强弱、迟早和大气环流的变化,导致我国气象要素年际变化大,气象灾害发生频繁,旱涝、低温、霜冻、高温胁迫等灾害对农业生产影响十分严重。近年来在气候变暖、平均气温升高的同时,气象灾害有加剧的趋势;未来气候变化情景下气象灾害可能发生的变化也就更加令人关注。

农业干旱

干旱是一种气候现象,指某地某段时间内降水量比平均状况显著偏少;如果这种偏少使按常规年景安排的活动受到缺水影响,则称发生干旱。对于农业来说,农业干旱是指农作物在长期少雨或无雨情况下,蒸发强烈,土壤水分亏缺,致使植物体内水分平衡受到破坏,影响正常生理活动的灾害。因此,干旱又可以分为大气干旱、土壤干旱和作物干旱。后两者属于农业干旱。土壤干旱一般用农田水分供需状况的宏观物理量表示,作物干旱有的用农田水分供需状况表示,也有的用模拟的土壤-植被-大气连续体中水分状况物理量表示。

关于气候变化对农业干旱影响的研究大多数是通过未来农田水分供需状况变化的分析予以说明。多数研究表明,我国水资源短缺,降水量少且变率大,时空分布不均,干旱发生频繁。研究气候变化对农业干旱影响时遇到的最大困难是,大气环流模式模拟的降水量存在相当的不确定性。但是不管未来降水量减少还是微量增加,由于温度升高导致的蒸发力加大或蒸发降水差加大,以及高温干旱一并出现,无疑将进一步加剧本已很严重的干旱,将对农业的可持续发展造成极大的影响。

东北地区未来水热条件匹配状况变化的研究表明,未来东北地区农作物生育期内水分将普遍不足(吴金栋等,2000)。随着未来东北气温的升高,各地农田蒸散量增加,作物需水量将有一定程度的增加。春小麦、春玉米和一季稻全生育期的需水量增幅从西南向东北方向递增,黑龙江增幅最大,分别为 45 mm、50 mm 和 65 mm以上。尽管同期降水量也将增加,但降水的增加不足以补偿蒸发蒸腾的消耗,因此作物水分亏缺量较当前也有所增加。其分布呈东西走向,东部地区大于西部。据此估计,东北东部地区降水增加虽较多,但对作物生长仍嫌不足;西部地区现有的干旱危害仍可能维持,并将有所加剧。农业生产者应当认真分析当前气候变化特点,结合对未来气候变化趋势的分析,在优化种植结构、合理配置作物种类和品种、加强水利建设等方面采取有效措施,以适应未来气候变化的可能影响。

在上述有关气候变化对松嫩草原影响的研究中,在研究未来干旱发生频率时,该研究计算了当前气候和未来 CO_2 倍增气候情景下的土壤蒸散量。结果表明,旱季(10月至翌年4月)土壤蒸散将较当前气候下减少,但差异较小;雨季(5~9月)尤其是 7、8 两月的土壤蒸散量则有较大幅度的增加。据分析,这是因为在 CO_2 倍增情景下降水量和蒸散量均有所增加,但雨季降水的增加小于土壤蒸散量的增加,导致全年和各月的土壤有效水分都将减少。若将年平均根层土壤有效水分含量低于当前气候下多年平均根层土壤有效水分定为干旱事件,则可得出结论:未来松辽草原的干旱频率将由目前的 50% 左右增加至 80%(邓惠平、刘厚风,2000)。

低温冷害

低温冷害是指作物在生长期内遇到较长期的气温偏低而导致减产的农业气象灾害,气温一般在 0℃ 以上。在我国,对农作物影响最大的是东北地区夏季低温冷害和南方寒露风。

低温冷害是东北地区农业生产中最主要的农业气象灾害。1949 年以来发生过 3 次严重的低温冷害(1969、1972 和 1976 年),导致粮食、豆类总产量较上一年减少 50 亿～60 亿 kg。除了气温偏低外,大量越区种植晚熟品种是低温冷害威胁进一步加大的一个重要原因。

进入 20 世纪 80 年代以来,东北地区气候增暖明显,低温冷害有所减轻,晚熟品种的种植面积不断扩大。90 年代东北粮食总产比 80 年代初以前增加 1 倍,其中一部分原因应当受益于气候变暖。

但是,根据对东北气候变暖的研究分析(王春乙等,2001;王石立等,2003),20 世纪 80 年代以来东北地区冬季变暖非常明显,90 年代更加突出,12 月上旬至翌年 2 月下旬各旬平均气温距平百分率连续上升。相比之下,夏季各旬气温的升温幅度远远小于冬季,生长季内 4～9 月≥10℃ 积温的相对增幅也小于冬季 0℃ 以下负积温绝对值的相对减小幅度,生长季热量资源增加有限。统计结果还表明,6～8 月平均气温的变异系数近 20 年明显加大,变化率大于冬季,这说明气温升高的同时,夏季温度的不稳定程度有所增大。与此同时,东北各地 20 世纪 90 年代夏季日最高气温高于 30、32 和 35℃ 以上的高温日数比 80 和 70 年代都有明显增多。这些结果说明:东北地区在气候变暖的总背景下,近 20 年夏季增温幅度小于冬季,且年际间变率大,气温偏低现象仍时有发生;极端高温出现频繁,90 年代尤为突出。如果在农业生产中不注意气候分析,盲目大范围越区引种晚熟品种,势必还会遭受低温冷害的影响。事实上,有些地区有些年份遭遇低温或早霜,导致热量不足,作物不能充分成熟,籽粒含水量较多,品质下降。这种"水玉米"即是气候变暖期间冷害的一种表现形式。

另有研究还分析了东北玉米主产区热量资源的长期演变趋势和变化周期。根据计算和预测结果,目前所处的长周期内的相对暖期很可能在2010年前后结束,积温增加的趋势和农作物播种期提前的趋势也将缓解。在中长期内,近几年内积温数量可能将会减少,冷害和霜冻可能再度发生(马树庆等,2000)。因此,东北地区发展农业一定要从当地农业气候资源条件出发,考虑气候的年际波动和未来可能趋势,避免因盲目越区扩种晚熟品种遭遇低温冷害而造成的损失。

高温热害

气候变暖,温度升高,可以延长一个地区的全年生长期,利于发展多熟种植,提高复种指数,从而增加粮食总产量。这对于热量不足的中高纬度地区和较高海拔地区,以及多年生农作物无疑是有利的。但是,对于大多数栽培作物来说,温度升高的同时可能会带来一些负面作用。第一,温度升高使作物发育速度加快,生育期缩短,减少了光合作用积累干物质的时间,导致单产下降。这一因素有可能会抵消全年生长期延长的效果,从而使地区气候生产潜力下降。第二,作物生长对适宜温度、能够忍受的高温和低温都有一定的要求,超过上限的高温会使作物遭受高温胁迫危害,生长发育受到抑制,产量大大降低。如果高温和干旱结合,有可能导致植株大量失水,迅速枯死。我们知道,热带气候地区全年作物生产率很高,但水稻、玉米等的高产记录并不在热带,而是在温带、亚热带。这说明温度过高对作物生长发育和产量形成有抑制作用。总之,高温会使生长季中温度的有效性降低。

由于不同地区、不同作物对温度的要求不尽相同,因此不同时间、不同强度的高温有着不同的影响。在关于我国双季早稻和晚稻气候生产力对温度升高的反应的研究中发现(气候变化对农业影响及其对策课题组,1993),晚稻播期正值盛夏,温度升高使得晚稻播期提前,并很快进入下一生育期,整个生育期减少 12 天。相反,早稻播种为初春季节,气温较低,进入下一生育期通常较慢,温度升高对发育加快的作用不很明显。另一方面,早稻成熟期有所提前,避开了后期盛夏的高温危害,与温度关系密切的呼吸消耗也较当前要少,因此总体上早稻气候生产力受气候变化影响的降低程度要小于晚稻。这一结果很能说明高温在加快发育速度、减少干物质积累、降低产量等方面的负面作用。

除了亚热带地区外,暖温带也存在程度不同的高温热害问题。许多对东北的研究结果表明(邓惠平、刘厚风,2000;邓惠平、祝廷成,1999;吴金栋等,2000),气候变暖有利于改善东北地区当前的热量条件,减轻低温冷害的危害。但伴随着平均气温的升高,气候极端值的变化更加剧烈频繁,未来作物生长季内极端平均最高气温升高,高温日数增加,将使温度有效性降低,甚至可能发生不利于作物生长的高温热害胁迫。

气候异常极端事件

目前大气环流模式关于未来气候变化情景的输出结果大多以年、季(或月)平均值的形式出现。而与气候平均状况改变同时出现的极端气候事件往往是短时间的、突发性的。而且对农业生产而言,更关心可能导致农作物受灾的极端气象要素值的出现及频率的大小。因此,气候变化对农业的影响,特别是未来极端气候事件的变化需要在逐日的时间尺度上加以讨论。目前比较多的做法是根据大气环流模式输出的未来气温、降水月平均值,利用随机模拟方法,模拟生成大样本(例如 100 年、200 年)逐日值,进行极值、频率、重现期等统计特征量分析,从而寻求未来极端事件发生的可能性。

有人根据 GISS 未来气温、降水变化情景及逐日最高、最低、降水量的随机模拟技术,生成松嫩草原代表站(通辽、齐齐哈尔)当前(1951~1990 年)和 CO_2 倍增条件下 100 年的逐日最高气温、最低气温和日降水量的各种可能值;并对年极端最高、最低温度频率作了分析研究。结果表明:未来CO_2倍增环境下松嫩草原极端高温事件将明显增加,而极端低温事件将大大减少;极端低温上升幅度大于极端高温;未来日降水量模拟值大于一定降水量临界值($\geqslant$10 mm,$\geqslant$25 mm,$\geqslant$50 mm)的日数也比当前气候下的日数略有增加(邓惠平、刘厚风,2000;邓惠平、祝廷成,1999)。

还有人结合 DKRZ OPYC 模式在中国东北地区的模拟试验结果,利用随机天气模式(WGEN),对东北地区未来水热条件,特别是极端气候事件的变化进行了详细分析。具体做法是,首先提取 DKRZ OPYC 模式在中国东北模拟的季输出差值,与基准气候值(1961~1990 年观测值)叠加,得到未来气候平均场。进行时间插值和空间插值后,得到该地区 24 个站 CO_2 倍增情景下的逐月气候要素值。然后利用改进的随机天气模式(WGEN),再生成东北各站 CO_2 倍增的逐日气候情景(日最高气温、最低气温和降水量)。在此基础上,计算出基准气候和未来气候条件下反映水热条件的农业气候特征当前值和极端值。根据这个分析,生长季内极端平均最高气温升高,高温日数将明显增多;三省中以黑龙江省最为显著(图 2.10)。降水增量的高值中心在黑龙江中部、吉林和辽宁东部地区;夏季降水增加最多,冬季部分地区降水甚至减少。东部地区日降水量大于50 mm 暴雨日数明显增多,日最大降水量增加 14~17 mm(图2.11);西部地区增幅小于东部(吴金栋等,2000)。

由此可见,东北地区未来热量条件将较当前转好,但极端最高气温和高温日数增多,使温度有效性降低,甚至可能导致热害,使延长的生长季不能完全被利用。东部地区夏季降水将更为集中,暴雨增加,也不利于作物后期生长和成熟。广东位于南亚热带,水热资源丰富,农业生产条件优越,冬季可以种喜温作物,盛产荔枝、香蕉、菠萝等南亚热带和热带水果及经济作物,冬暖优势十分明显。近年来,随着农业结构的战略性调整,广东冬季农业和特色农业发展迅猛,各种南亚热带、热带经济林果的种植面积大幅度增加。但是,在全球变暖的大趋势下,广东冬季经济林果寒害的发生次数却

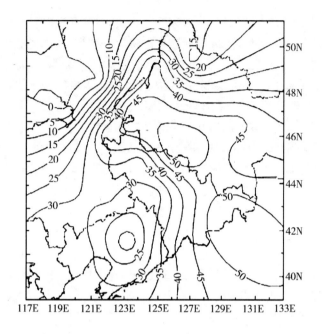

图 2.10　中国东北地区大于 30℃ 高温日数的增加(d)

(吴金栋等,2000)

在显著增加。20 世纪 90 年代共发生 4 次严重寒害(1991 年 12 月、1993 年 1 月、1996 年 2 月和 1999 年 12 月),造成经济损失 213 亿元 *。对比历史(20 世纪 50 年代 2 次,70 年代 1 次),不能不引起人们的高度重视。气候变暖并不意味着冬季没有剧烈降温。相反,严重寒害发生前期大多有明显温暖期,而突发性天气使动植物难以适应短时间的气温剧烈变化,从而更易遭受危害。广东 20 世纪 90 年代寒害发生频繁的事实说明,气候变暖的同时,仍然有极端气候事件发生;冬季明显变暖的气候,潜伏寒害危险的可能性更大。

---

　*　杜尧东,广东省严重冬季寒害的特征及其对农业的影响,"十五"国家攻关课题阶段总结会议上的报告,2002。

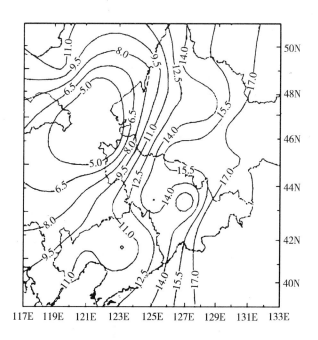

图 2.11　中国东北地区日最大降水量的增加(mm)

(吴金栋等,2000)

对土地生产力的影响

　　耕地是农业生产的载体,分析土地生产力是制定地区农业长远发展战略和调控治理措施的重要依据之一。

　　土地生产力是由一个地方的气候条件、土壤理化特性、农田基础设施、培肥水平、地形地貌条件及成土母质特征等要素综合构成的生产力。估算土地生产力,既要考虑一个地方的气候条件,也要考虑当地的土壤、地形等环境生态生产条件。因此,它比单纯考虑气候的气候生产力更加接近生产实际,更能反映当地的农业生产在自然条件下的最大生产能力和产量水平。可见,土地生产力和气候生产力两者之间既有联系,又有区别。目前,最简单的土地生产力估算方法,是用气候生产力乘以土地质量系数计算求得。本节以我国东北地区为例,具体分析气候变化(暖)对该地区土地生产力和农业用地的可能影响。

东北地区是我国重要的商品粮生产基地,也是我国农业发展最具潜力的地区之一。种植业以玉米、大豆、水稻、高粱和小麦为主,尤其是玉米生产在全国粮食生产中具有举足轻重的地位。气候变化对该地区的农业生产会有怎样的影响,已引起有关部门和专家学者的关注。

国内外各个大气环流模式(GCM)几乎都预测未来高纬度地区气温将有较大升高,也就是说,东北地区的气候将会变暖,这将减轻目前热量不足对该地区农业生产的制约;此外,GCM 模式预测降水也可能有所增多。由这样的温度和降水变化构成的气候变化必将引致土壤特性发生变化;这不仅有可能提高该地区的土地生产力,还将影响到农作物的生长发育和作物品种的选用,甚至农业种植熟制也会发生改变。显然,这些因素均将导致东北地区农业用地无法维持现状,需要进行相应地调整,以适应气候变暖带来的影响。

土地质量评价

土地质量等级

东北地区地处温带大陆性季风气候区,跨暖温带、中温带和寒温带,夏季温暖多雨;土地资源丰富,幅员辽阔,全区宜林牧用地占土地总面积的 85%,高出全国平均 20%;其中西部和东北部分布着松嫩、三江和辽河三大平原,地势平缓,耕地连片,土层深厚;土壤以黑土、黑钙土和暗草甸土为主,是世界上肥沃的三大黑土带之一(辛晓洲,2000)。

在《中国1：100万土地资源图》的资源评价系统中土地质量等级评价是其重要组成部分之一，它是在土地适宜类范围内反映土地的适宜程度和土地生产力高低的等级指标，具体分为三个等级。对于宜农类土地来说，各土地质量等级的含义如下：

一等地：对农业利用无限制或少限制，质量好；一般都能获得较好的产量；不需要改造或略加改造，即可开垦和建成基本农田；在正常利用下，不会发生土地退化等不良后果。

二等地：对农业利用有一定限制，质量中等；需加以一定的改造才能开垦和建设基本农田，或需一定的保护措施，以免产生土地退化。

三等地：对农业利用受到较大的限制，质量差；需加以大力改造后才能开垦和建设基本农田，或在严格保护下才能进行农业生产，否则容易发生土地退化。

根据《中国1：100万土地资源图》推算，东北地区耕地中一等地占 65.1%，二等地占 31.2%，三等地仅占 3.7%，是全国一等地比重最高而三等地比重最低的地区。据研究，东北地区一、二、三等地的等级系数分别为 1.0、0.8 和 0.6。也就是说，在东北地区单位面积二等地的生产能力只相当于同等面积一等地的 0.8，而单位面积三等地的生产能力只相当于同等面积一等地的 0.6(石玉林，1992；王蓉芳等，1996；辛晓洲，2000；中国自然资源丛书编委会，1996)。

在土地质量等级评价中，二等地和三等地是受到某些因子限制的土地，在这些限制性因子中，除坡度和排水外，大部分因子都会受到气候变化的影响，而有些则可能在气候变化的过程中加剧或得以缓解。其主要影响途径是源于各种土壤过程对气候变化的反应和变化，这些土壤过程直接受到温度、降水和大气中二氧化碳浓度变化的影响，还进而影响土壤水分、植物生长和植被结构，并反馈到气候系统中。从表 2.9 列出的东北地区土地的主要限制性因子及受其影响的县或市(区)数中可以看出，对全区土地质量影响最广的限制性因子是坡度，其次是排水通畅程度和土层厚薄，而有很多地方的土地质量还受到两个以上因子的限制。坡度限制遍及三省的非平原地区,对当地的农业土地利用构成了很大的障碍;排水限制主要在黑龙江省北部大兴安岭及其以南大部分地区,辽宁中部局地和黑龙江东部和南部的部分地区也受一定的排水限制;而有效土层的限制三省皆有,主要分布在辽宁东部的抚顺和本溪一带、吉林南部和东部的大部分地区以及黑龙江的哈尔滨和佳木斯之间及其以南部分地区;影响较小的因子是土质、盐碱、侵蚀和水分限制,大都只限于辽宁省境内。

表 2.9   东北三省土地的主要限制性因子及受其影响的
县或市(区)数(辛晓洲,2000)

	坡度	土层	排水	盐碱	水分	土质	侵蚀	无限制	两种以上
辽 宁	34	9	6	9	22	2	10	15	24
吉 林	39	22	10	0	0	0	0	0	23
黑龙江	28	18	39	0	0	0	0	3	31
总 计	101	49	55	9	22	2	10	18	78

通过对东北地区土地质量限制性因子的分析发现,全区大部分非一等地的限制性因子都以坡度或排水为主。由此可以推测,未来气候变化对东北地区的土地质量限制性因子的影响程度和范围不会很大,大部分的土地质量不会因气候变化而得到明显的改善或恶化。农民可以采取一系列措施来适应气候变化,以达到例如维持近似于现有的土壤水分和有机物含量、保护土壤不被侵蚀等目的。但农业土地利用的变化是最有可能发生的调整措施,这种调整本身会对土壤产生广泛的影响。不过,因政策和经济等人为影响而产生的土地利用的变化可能比单纯气候变化引起的土地利用的变化更大,从而对土壤特性的影响也更大。

土地质量系数

土地质量系数的直观含义是在区域整体范围内评价土地质量好坏的量值,它是以单位面积宜农土地的质量状况和生产能力与同等面积一等宜农土地的质量状况和生产能力的相对比值来度量的,其量值在 0~1 之间。量值越大,质量系数越高,土地的质量状况越好,其生产能力也越高。也就是说,在区域整体范围内,单位面积宜农土地的质量状况和生产能力是与同等面积一等宜农土地的质量状况和生产能力乘以土地质量系数所得出的值相当(石玉林,1992;中国自然资源丛书编委会,1996)。

土地质量系数的具体算法是,先根据评价宜农土地不同等级的参照产量指标,把每一等级土地赋予相应的等级系数值(如上述东北地区一、二、三等地的等级系数值分别为1.0、0.8和0.6)(辛晓洲,2000),然后以《中国1∶100万土地资源图》为依据,计算各区域单位内各宜农土地等级面积占该区宜农土地总面积的百分比,这样就可以相应地推算出各区域单位的土地质量系数。

计算表明:东北全区的土地质量系数总的来说都比较高,大致范围在0.65～1之间,大部分地区都在0.8以上,最高的地区可达0.95～1,说明东北地区的宜农土地大部分都是一等地。两个低值中心分别在黑龙江省的木兰、通河、尚志、依兰等地和辽宁省东部的宽甸、桓仁、丹东、清原一带。主要原因是这些地区多是山区,受到坡度限制而使得土地质量不高。黑龙江省的东部地区土地质量系数达到了1,这里是三江平原,地势平坦,土壤为高肥力的暗棕壤,对农业生产来说,都是一等地。在松嫩平原和辽河平原,土地质量也很高,系数在0.9～0.95之间。松嫩平原的土壤为黑土,土层厚,腐殖质含量高,但其北部温度偏低,土壤水分偏高,有时土壤肥力难以充分发挥;未来的气候变暖将会改善这种情况,使土壤肥力得以充分发挥(辛晓洲,2000)。

土地生产力的估算

在东北地区选择了70个站点计算气候变化前后耕地的气候-土地生产(潜)力。气候背景用1951～1980年的30年平均值。计算时用东北地区作物生育期5～9月的旬平均气温和降水值,旬蒸发力和旬水汽压用相应的月平均值推算得出。气候变化后的情景用三个大气环流模式的输出结果分别和气候背景值叠加生成。这三个大气环流模式是:英国的 HADCM2、德国的 ECHAM4 和加拿大的 CGCM1。这三个模式是 IPCC 第三次评估报告选用的五个大气环流模式中的三个,用拉格朗日插值法将模式输出的粗网格值插到 0.5°×0.5°的细网格上,再由细网格值推算出各站的值。所有的旬值都是用月平均值插值得出。土地资料用《中国 1:100 万土地资源图》在东北地区各县(市)的评价结果,包括这 70 个站所在县(市)各级宜农土地的面积和百分比,以及影响该县(市)耕地质量的主要限制性因子。选择最主要的三种作物——玉米、大豆和水稻进行计算。土地生产(潜)力是既考虑作物生长的气候因素又考虑土地质量条件的生产(潜)力,具体计算时要先算出气候生产(潜)力(P_w),再与土地质量系数($f(l)$)相乘,便可得出土地生产(潜)力(P_{fl})。

> 本节计算的作物气候生产(潜)力用的是孙玉亭等的作物生长动态统计模型,也可以用其他模型计算,具体方法请参见相关文献(辛晓洲,2000)。

气候变化对土地生产力的可能影响

计算表明,土地生产力的净变化在三个大气环流模式之间差异较大,故采用三个模式的平均值来分析东北地区玉米、大豆和水稻三种主要作物的土地生产力可能受到的气候变化影响。这三种作物的生理学特性都是比较有代表性的,其中玉米是耗水量最小的作物,而水稻是耗水量最大的作物;大豆是三者中惟一的喜凉作物,玉米是惟一的 C_4 作物。因此,通过比较分析,可以发现不同作物的土地生产力受气候变化影响的一些基本规律和特点,从而使农业布局的调整和耕作制度的改革更加科学和合理。

玉米

玉米是喜温作物,适应性强,东北地区的降水量一般能满足玉米的生长,辽宁东南部有水分盈余,辽西的自然降水不能满足玉米的生长,而且灌溉条件差。根据计算,到 2050 年,玉米的土地生产

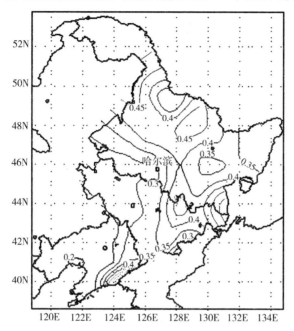

图 2.12　2050 年玉米土地生产力的可能变化
(图中数据为气候变化后与变化前的比值增(减)量)(辛晓洲,2000)

力全区都将增加(见图 2.12),增加幅度在 20%～60%之间,黑龙江北部和东南部、吉林东部以及辽宁东部是高值区,而这些地方恰好是当前土地生产力偏低的地方,丹东的土地生产力为 3500 kg·hm^{-2},2050 年将比现在增加 60%,可达到 5600 kg·hm^{-2},黑龙江北部将由现在的 2500 kg·hm^{-2}增加到 3700 kg·hm^{-2},这样到 2050 年全区的土地生产力将会普遍增加,而且地区间的差异将会缩小,这可能会导致整个玉米播种面积的增加,尤其在黑龙江北部目前受热量条件限制的地方将会大面积地增加玉米的播种。未来气候变化后水分和热量条件的组合对玉米生长至关重要,总的来说,全区玉米在

未来增温又增雨的情况下是受益的,生产力会增加,对个别情况比较特殊的地方要根据实际情况进行详细分析后才能得出定论。

大豆

大豆的土地生产力在辽宁全省及吉林西部地区都将可能减少(见图 2.13),减少的幅度可达 40%。有三个可能增加最多的地方,

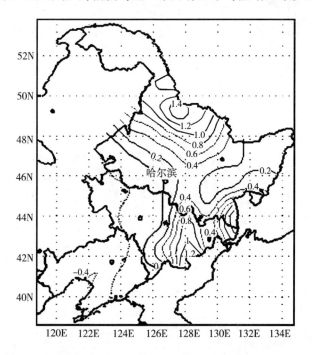

图 2.13　2050 年大豆土地生产力的可能变化

(图中数据为气候变化后与变化前的比值增(减)量)(辛晓洲,2000)

分别是在吉林东南部、黑龙江北部及东南部。在黑龙江的孙吴地区将增加 0.4 倍,可由现在的 400 kg·hm⁻²增加到 560 kg·hm⁻²。这样黑龙江将来可能会成为一个新的大豆主产区。与玉米的情形相似,三个增加最多的地方是原来土地生产力最低或偏低的地区,同样会使地区间的差异缩小,开拓出新的大豆主产区,而辽宁省和吉

林省西部地区的大豆种植面积会有所减少。初步分析,黑龙江全省及吉林东部地区增加的面积会大于辽宁及吉林西部减少的面积,实际增加和减少的比例谁大谁小,则取决于气候以外的因子,如社会经济因素和生产技术因素等。大豆是喜凉作物,增温会使目前的适宜生长区的温度过高而导致减产,而在温度偏低的北部大、小兴安岭及东部的长白山等地,生产力将会增加,因为这些地区水分条件比较充足,温度上升弥补了热量不足,所以气候变暖对这些地区的农业生产将会是有利的。

水稻

水稻的土地生产力的增加幅度大致在 $15\% \sim 60\%$ 之间(见图2.14)。在黑龙江北部的孙吴地区增加幅度将为 60%,黑龙江东南部和吉林省东部增加幅度也可达 60%,而辽宁省、吉林大部及黑龙江西南部等地的增加幅度将在 $15\% \sim 35\%$ 之间。几个高值中心也是原来土地生产力的低值区,黑龙江的绥芬河原来只有 2000 $kg \cdot hm^{-2}$,增加 60% 后可达到 3200 $kg \cdot hm^{-2}$ 以上,而在辽宁西部和吉林西部等原来生产力较低的干旱地区,气候变化后生产力的增加不明显,因此增加水稻种植面积意义不大;吉林东部的延边地区、长白地区,黑龙江的中北部和南部地区将有可能成为新的水稻主栽区,由于水稻生长对水分的要求比较高,因此要大面积种植水稻还需提高水分供应能力,增加灌溉面积。

水稻是喜温喜湿作物,增温可以扩大水稻的适宜生长区,减少低温冷害的发生,使水稻的生产力在全区都普遍提高,尤其在北部热量资源不足的地区,增温会使水稻生产力增加 50% 以上。由于东北地区在未来降水不会减少,反而有少量增加,所以水分条件在气候变化后不会成为制约水稻生长的主要因子,不过在辽宁和吉林西部由于温度偏高而降水相对不足,未来的气候变化可能会加剧这种反差,因此水稻的生长将会受到一定的影响,不适于大面积开发水稻田,如果要增加水稻的种植面积,需要有相应的水利和灌溉措施来保证水稻生长的需水。

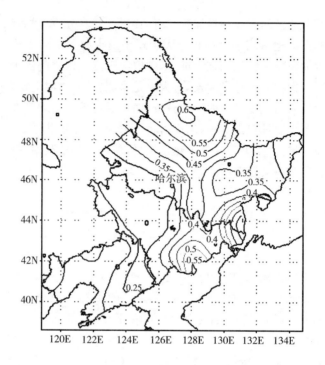

图 2.14　2050 年水稻土地生产力的可能变化
(图中数据为气候变化后与变化前的比值增(减)量)(辛晓洲,2000)

农业土地利用的可能变化

气候变暖会使农业土地利用发生改变,而这种变化反馈到大气和气候中,会使大气中二氧化碳浓度增加的温室气候效应和相应的气候变化受到进一步的影响。气候变化对农业土地利用的影响可以分解为三个部分,一是对农业地理的影响;二是对土壤的影响;三是对作物品种的影响。而农业土地利用的变化有三种方式:种植面积、作物品种和种植地区的变化。

计算表明,气候变化对东北地区的种植业有很大影响,可能会导致农业土地利用发生较大的变化,而起主导作用的是温度的变化,降水的变化尽管很小,但气候变暖后降水不减而略增,对当地的农业生产可谓是一件幸事。喜温作物比喜凉作物受益大;需水多的作物在东部比需水少的作物获利明显,在西部刚好相反,需水少的作物获利更明显;C_3作物比C_4作物受益更大。此外,多种作物的适宜种植北界也有可能北移。上述这些变化将导致作物的分布地区和种植面积发生较大的变化,那些能适应气候变化并能充分利用变化后的气候条件和土壤条件的作物类型和品种,将因具有很强的竞争力而扩张其种植范围,而气候变化对其相对不利的作物和品种来说,将有可能失去原有的优势和竞争力。

当然,土地利用的变化不仅仅受气候变化的影响,还与社会经济和国家政策有关,而且后者的影响往往较前者更加直接明显。土地利用的短期变化通常只能反映后者的影响,而长期的变化则是二者共同作用的结果。气候变化后土地利用的变化应该根据不同地区的具体情况而具体分析。东部大、小兴安岭,长白山等山区的土地质量系数比较低,影响了农业生产的发展,但这些地区降水丰富,森林面积大,林业发达。气候变暖对种植业比较有利,可以使作物分布向高度方向发展,生产力提高,但由于坡度的影响使得土地质量等级较低,大范围扩大种植面积的意义并不很大,而且考虑到水土流失和生态保护等方面的因素,气候变化后大力发展种植业并不妥当。西部地区受干旱和风沙影响,土质不好,肥力不高,农业土地利用受到一定限制,畜牧业较发达。气候变暖使蒸发量增加,干旱加剧,要发展农业首先要改善水分条件,增加灌溉面积,另外还要注意土壤改良,改善土壤质地,增加土壤肥力,因此今后农业土地利用的方向应以保持水土,控制风沙,防止进一步沙化,保护环境不进一步恶化为首要任务,可继续发挥畜牧业优势,在有限区域内的种植业应选用抗旱保土作物和品种,大力和合理地发展节水灌溉技术,以实现地区的可持续发展。

总的来看,气候变暖对东北地区的农业生产可能会是有利的,因为这一地区土壤肥沃,土地质量高,大部分地区水资源比较充足。热量不足是当前农业发展的主要障碍。气候变暖的直接效果就是有可能增加热量资源,使热量条件大大改善,进而有可能普遍提高土地生产力,不同作物的种植界限也有可能向北推移。其结果是,北部地区现有的种植面积可望扩大,大面积的宜农荒地有可能得以开发利用;中部和南部地区也有可能改变目前热量条件不稳定、冷害频繁发生的状况,不仅可使农业生产更趋稳定,还有可能进一步提高复种指数,但在具体做法上,应因地制宜,作具体分析,切忌盲目北移扩种,以免遭受气候变化不稳定的不利影响,导致减产损失。

对我国种植熟制的影响

大气中温室气体浓度的增加,尤其是 CO_2 浓度的增加将对作物生长和农业生产产生两方面的影响。一方面 CO_2 浓度的增加可直接增强作物的光合作用能力,有利于作物合成并累积更多的光合产物,常被称之为 CO_2 "促生"或"肥效";另一方面,温室气体的温室效应导致作物生长环境气候发生变化,使之变暖、变湿或变干,间接地影响作物的生长发育,破坏、扰乱了作物与环境气候间业已形成的相对平衡与适应关系,尤其是对现有耕作方式和种植熟制模式产生重大影响,包括扩大、缩小、转移、改制等。

对种植熟制影响的模拟评估

我国是一个农业大国,各地的种植制度和耕作方式多种多样,作物的种类和品种又十分繁多,因此,要模拟评估温室效应气候变暖对我国种植制度的影响是十分困难的。但和前述特征性自然植被一样,在农业生产发展的历史过程中,各地的种植制度、耕作方式已经很好地适应了当地的气候条件,与环境气候也形成了一个很好的相关关系。根据这一原理,同样可以选择一组能反映作物生长期的持续时间和气候温暖(或湿润,以有利于作物生长发育为准)程度的气候指标与我国主要种植熟制建立对应关系,用以模拟评估未来温室效应气候变暖对我国种植熟制和农业生产的可能影响。这里展示的是一个比较简单的被称之为"活动积温"的气候热量指标。它是指高于某一界限值的逐日温度和,其界限值一般为作物开始生长的起点温度。通常使用0℃作为界限值。具体用于区分我国主要种植熟制的对应指标区间(如同模式)见,表 2.10(Hulme 等,1992;Wang,1997)。

表 2.10 中国不同作物的种植制度与气候热量——活动积温的对应关系(Hulme 等,1992;Wang,1997) 单位:℃·d

种植类型	北界	南界
一熟制区	—	4000
春麦、玉米、高粱、大豆等		
两熟制区	4000	5800
小麦—玉米	4000	4800
小麦—棉花,小麦—水稻	4800	5500
油菜—水稻,水稻—玉米,水稻—水稻	5500	5800
三熟制区	5800	8000
麦—稻—玉米	5800	6100
稻—稻—麦,稻—稻—油菜,稻—稻—绿肥	6100	7000
稻—稻—甘蔗,稻—稻—冬季蔬菜、亚热带水果	7000	8000
热三熟制区	8000	
稻—稻—稻,稻—稻—热带作物	—	

积温区间值 4000 和 5800℃·d 是两个重要的区分一熟、两熟和三熟种植制度的指标值。前者是一熟制种植的南界,也是两熟制种植的北界;后者则是两熟制的南界和三熟制的北界值。在这些区域内还可以根据对应的积温值识别出几种不同的作物组合种植方式。用表 2.10 所列气候-熟制对应模式模拟的我国农业种植熟制当前分布(以 1951～1980 年为基准),如图 2.15 所示,东部是我国主要的农耕区,那里的种植模式十分多样,从北往南,随着积温——热量的增加,种植方式由一年一熟制逐渐转变为最南部的一年三熟制,也就是说在一年的生长季里,作物可以连续成熟收获 3

次;广阔的黄淮和江淮流域是多种不同作物组合的两熟区;长江以南过渡为多种多样的三熟种植区。西部大多为一熟区。新疆南部的热量条件也符合一年两熟制的种植方式,但如同该区的植被景观为温带荒漠那样,那里实际上是我国最大的沙漠所在地,由于降水稀少,除个别绿洲区外基本无农业无牧业。上述模拟的当前分布与已有文献所分析的分布现状吻合得相当一致(吴连海,1997;中国气象科学研究院天气气候所,南京气象学院农业气象系,1981)。

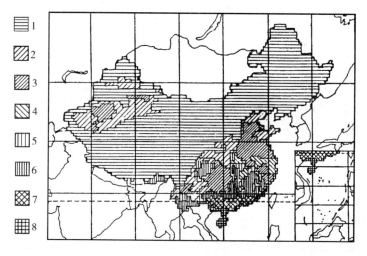

图 2.15 当前(1951~1980 年)气候下我国作物种植制度的分布
(符号 1 为一作制;2~4 为不同组合的二作制;5~8 为不同组合的三作制)
(Hulme 等,1992;Wang,1997)

对种植熟制的可能影响

图 2.16 展示了用上述种植熟制模式与前述 7 个 GCM 模式相联接模拟 2050 年气候变化情景下,我国农业种植熟制的可能分布。与图 2.15 相比较,很明显,几乎所有地区的现有种植熟制均将发生较大的变化,只有西南部的青藏高原和东北北部地区例外。最

明显的变化将发生在我国最重要的东部农业区。气候变暖将使目前的两熟区向北移至目前一熟区的中部;而三熟区将明显地向北向西扩展,不仅以不同三熟组合方式取代目前大部分两熟制地区,其北界还将会从目前的长江流域移至黄河流域,三熟区面积将扩大约 22.4% 之多(表 2.11)。多熟制的这种变移,将使一熟区的面积大大缩小,约 23.1%(表 2.11)。但是据研究,除熟制改变较大地区外,气候变暖对大部分地区可种植的作物种类和品种影响不大,只是其品种熟性将有向晚熟方向发展的可能(吴连海,1997)。

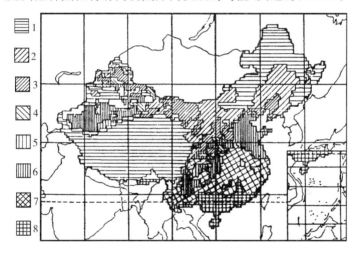

图 2.16　未来(2050 年)气候情景下我国作物种植制度的可能分布
(符号 1~8 的意义同图 2.15)(Hulme 等,1992;Wang,1997)

表 2.11　由合成 GCM 模式模拟的 2050 年气候变化情景下我国
不同作物种植制度分布面积的可能变化(Wang,1997)　单位:%

种植类型	当前气候(1951~1980 年)	2050 年气候	可能变化
一熟制区	62.3	39.2	−23.1
两熟制区	24.2	24.9	+0.7
三熟制区	13.5	35.9	+22.4

表面上看来,由于多熟制向北扩展使得我国的种植制度更加

多样化,农田的复种指数也可望进一步提高,因而气候变暖将有利于我国农业生产的发展,尤其是在寒冷的东北地区,那里夏季的低温冷害经常影响作物正常成熟,频发的早霜冻也常导致作物减产或失收,故变暖的气候会明显地有利于东北地区的作物提高产量。然而,在我国大部分地区多熟制中栽培的主要作物是水稻和小麦,其正常生长均需要大量的水分。遗憾的是,到2050年降水与蒸散的净平衡的模拟预测很可能是负的,也就是说作物可以利用的有效水分将减少,因此,未来的气候状况将不适宜于种植水稻。小麦是两熟制中的主要栽培作物,其目前的有些种植区已经不能满足其对水分的需求,未来水分平衡的任何负向变化也将对这种作物的正常生产造成严重的影响。此外,按世界粮农组织有关作物生长期的计算方法估算表明,在我国大部分中低纬度地区作物由于发育速率将加快,其实际有效生长期将比目前有所缩短。因此,尽管在未来多熟制的扩展中适合水稻和小麦的可种植地区将会扩大,但由于水分胁迫增加和有效生长期缩短可能最终导致水稻和小麦因平均产量下降而减产(Wang,1997)。

这里还必须指出,建立气候变化对种植制度影响评价模型,模拟研究未来气候变暖的可能影响,需要分析了解并考虑影响农业生产的各种自然和非自然因素。这些因素相互交叉,关系复杂,使建模研究变得十分困难。上述气候-熟制模式比较简单,仅考虑了气候热量与种植熟制的对应关系,其他气候因素、土壤因素、水分因素以及社会、经济、科技发展水平等还都没有被考虑进去(包括单作、复种、套种和轮作养地等),而在GCM气候模式及其对未来气候变化情景的模拟预测中还存在着许多科学不确定性,直接影响到预测的可信度。因此,上述分析仅仅是一个很宏观,很粗略的初步探讨,它只能给进一步研究提供一些启示和参考思路。必须不懈努力、继续深入研究才能更科学地认知气候变化对我国种植熟制的可能影响。

对农牧过渡带的可能影响

经历了长期的农业生产活动,在东北,华北的河北、山西,西北的陕西与内蒙古之间,西北的宁夏南部和甘肃中部形成一狭长的农牧过渡带(图 2.17)。也是我国沙漠化土地比较集中分布的地区。其特点是由南、东南向北或西北,由种植业向放牧业过渡,形成亦农亦牧、时农时牧呈带状的农牧交错区;东段较宽,最宽可达350 km,中段宽约 80~170 km,西段较窄,最窄处仅 50 多 km(崔读昌、王继新,1993)。这一农牧交错与农牧过渡区的形成主要是由当地的符合农牧业生产要求的气候条件决定的。

对种植业来说,该地区的光照和温度、热量条件均能满足作物生长发育的需要,而水分条件成了起决定性作用的限制性因素。农牧过渡带气候上按水分条件划分,属半湿润区向干旱区过渡的半干旱区。年降水量由东南向西北呈区域性递减,导致其他农业自然资源也出现地带性过渡。结合农牧业的生产效果以及对农作物生产的不利程度来考虑,常用 400 mm 年降水量作为其分界线。它总体上反映出农牧业的界限。由于每年夏季季风的进退和强弱变化不定,其所带来的降水量年际间变率很大,导致年降水量 400 mm 等值线年年位移变化,呈较大幅度摆动。多雨年可西移到包头以西,而少雨年可退到华北平原的中南部。在平均为 300~400 mm 的雨量区域内,有的年份可高达 550~600 mm,有的年份则低于200 mm。过渡带地区连旱概率大,≥400 mm 出现频率只有 5%~20%,10 年中往往有 8 年之多不能满足旱作农业对水分的基本需求。

如前所述,现有气候模式模拟表明,未来气候变化将趋于变暖和相对变干,即温度上升明显,降水增加不多。显然,这将使蒸发和蒸腾量增加。据相关研究估算,若大气中 CO_2 含量增加导致气温上升 2℃,土壤水分蒸发量每年将增加 30~80 mm。这意味着,过渡带每年的水分蒸发耗失将增加 8%~20%,夏季增加更多,可达

40%之多。此外,气候变暖还可引发其他气候条件的变化和极端气候事件的频发,如增大空气饱和差、风速增大和大风日数增多等,这些变化也会增加蒸发耗水,使气候变干。因此在未来温室效应气候变暖,但降水不增加或增加不多的情况下,现有农牧过渡带有可能向东南移动,在东北与内蒙古相接的地区将向南移动 70~90 km,华北北部将向南移动 150~180 km,西北部移动略少,约 20~40 km(崔读昌、王继新,1993)(图 2.17)。

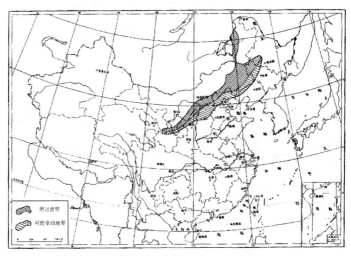

图 2.17 气候变暖对农牧过渡带的可能影响

(崔读昌、王继新,1993)

上述分析表明,气候变暖对农牧过渡带的农牧业生产既有有利的影响,也有不利的影响。有利的是气候变暖,农牧业生产所需的热量资源增多,可延长生长期,在水分相对充裕的地区可有利于旱作农业获好收成,尤其是可提高牧草产草量及其营养成分,使一年生牧草得以顺利繁衍(包括籽实成熟)和扩大草场面积,促进牧业生产的发展。但对那些水分不够充裕和缺少的地区来说,同时也将出现更多的不利影响(崔读昌、王继新,1993),如:

(1)农牧过渡带向东南移动造成原属农业区的种植面积减少,

不仅如此,温度升高还将使农作物发育速度加快,生育期反而缩短,不利于籽粒灌浆和成熟,最终导致农作物(粮食、油料等)产量下降。

(2)农牧过渡带是潜在荒(沙)漠化地区,如不加保护,将面临类似于科尔沁草原变成科尔沁沙地那样的危险。

(3)水分供需矛盾进一步扩大,导致牧草产量下降。

(4)干旱期或连旱期可能延长,致使放牧的牲畜饱青期缩短,牧畜的追肥将受到影响。

对农作物病虫草害的影响

农作物病虫害是我国主要自然灾害之一,它具有种类多、影响大并时常爆发流行(蔓延)成灾的特点,是导致我国农业生产发展不稳定、农业产量大幅度下降的重要因素之一。近年来,随着农业生产水平的提高,包括耕作熟制的改进,水肥条件的改善等,尤其是气候趋向变暖的影响,病虫害发生面积、危害程度和大发生频率等均呈逐年增长的趋势。据有关统计,1983～1988年,我国每年农作物病虫害的发生面积几乎为耕地面积的两倍,达2亿 hm² 之多,也就是说,平均每块耕地一年要发生两次病虫害。据对稻瘟病、稻飞虱、小麦条锈病、小麦赤霉病、玉米螟和棉铃虫等17种主要病虫害的统计,大发生年份虽经防治,损失粮食仍高达4750万 t 和棉花110万 t 之多。若能做好病虫害大发生年的预测,充分发挥现有防治技术的作用,可望挽回损失30%～50%(霍治国等,2002;李淑华,1993;王馥棠,1999)。因此,无论是预防灾害的发生,还是增强救灾的能力,对农作物病虫害进行及时监测、评估和预测,尤其是加强长期预测,尽可能预见农田有害生物生态系统的灾变演化趋势,对于及时利用现代高新技术开展调控防治,消除成灾因素,遏制病虫灾害的发展势头,避免或减少农业生产的重大损失具有十分重要的意义。

　　农作物病虫害的发生与流行(蔓延)取决于病源、寄生作物和环境条件,也就是说,需同时具备以下3个条件:有可供病虫滋生和食用的寄生作物;病虫本身处于对作物有危害能力的发育阶段;有使病虫进一步发展蔓延的适宜环境条件。它们之间关系复杂难以用简单的因果关系加以阐明,但是在影响病虫害发生发展的诸多因素中,环境气象条件往往起着关键性的作用。它不仅直接影响病虫的生长发育和繁殖蔓延以及危害的发生和危害程度,还通过对寄生作物或其他生物(如天敌)的作用,间接地影响病虫灾害的发生和蔓延流行。毫无疑问,未来温室效应气候变暖和变湿变干必将对上述诸多因素产生不能被忽视的重要影响。

对农作物病害的影响

　　影响病害发生发展的主要气象因素是温度、湿度和风害等,低温、阴雨、干旱和大风等不利条件将明显影响寄生作物的抗病能力。一般,大多数病原菌要求的适宜温度为25~30℃;少数病原菌要求的温度较低,如马铃薯晚疫病的适温要求为12℃左右。但各种病原生物的具体要求很不相同。同一作物同一类型的菌种其对温度的要求也不相同,如小麦的条锈、叶锈和秆锈等三种锈病(表2.12),其发病和危害小麦的时期也不同。此外,不同温度对病原菌潜育期的影响也有很大不同。一般是温度低,潜育期长;温度升高,潜育期缩短(表2.13)。

表2.12　三种小麦锈病病菌侵入和潜育的适宜温度

(王馥棠,1999)　　　　　　　　　　　　　单位:℃

病　菌	侵　入　温　度			潜育温度
	最低	最适	最高	
条锈菌	1.4	9~13	29	13~16
叶锈菌	2.0	15~20	32	18~22
秆锈菌	3.0	18~22	31	20~25

表 2.13　稻瘟病潜育期长短与日平均温度(王馥棠,1999)

潜育期(d)	日平均温度(℃)
13~18	9~10
~8	17~18
4~5	26~28

　　湿度也是导致作物病害发生蔓延的重要影响因素之一。因为绝大多数病菌孢子只有在水滴中才能萌芽,如适温下只要露水保持 2~4 小时,孢子便会开始萌发。湿度与降水关系密切,降水的年际波动大,地区差异也大,故农作物病害的发生发展也有明显的年际变化和区域分布。如马铃薯开花期与雨季相遇,湿度条件适于病菌侵染和萌发,晚疫病便会大流行。少数病菌的侵入萌发对湿度要求较低,因而病害多在干旱年份发病较重,如玉米黑粉病。实际上温湿度对作物病害的影响常常是综合的,很难加以区别分开。马铃薯枯萎病和小麦赤霉病在气温 10~15℃ 以上和湿度 75%~90% 以上的条件下就容易发病和蔓延。

　　此外,风是病原菌孢子传播的三大自然动力(还有水力和昆虫)中最主要的一种动力。风力输送的远近取决于孢子的数量、体积、比重、形状和风的速度等。如条锈病的孢子很轻,大约 3 亿多个孢子才有 1 g 重。因此,如遇上有上升气流、高空水平传输和低层大气下沉运动的环流形势和大气系统,这些孢子有可能发生远距离传播;若降落在既有适宜的温湿条件,又有可侵染的寄生作物地区,则没有丧失萌发力的孢子就有可能引发大面积的病害蔓延。风还能加剧土壤蒸发和作物的蒸腾,引起干旱,最终导致寄生作物抗病性减弱,便于病菌的侵染。

　　显然,未来气候变暖将有利于病菌安全越冬、缩短潜育期,进而有利于向北方扩展,向原先气候环境不适宜的非主发地区扩展蔓延,最终使大发生、重危害频率增加,那些不喜高温和低湿病菌有可能被喜温喜湿病菌所替代,从而导致病害种类和种菌的更迭演替。

对农作物虫害的影响

与作物病害不同,作物虫害除与虫原生物、寄生作物以及环境条件有关外,还与天敌等其他生物有关。而天敌生物的繁育生长同样需要有适宜的环境条件,尤其是适宜的气候条件影响重大。当气象条件有利于虫原生物的生长繁育和迁移活动,而不利于寄生作物和天敌生物的生长繁育时,便容易发生虫害,包括远距离迁飞和大面积危害;相反,当气象条件有利于天敌生物和寄生作物的生长发育,而不利于虫原生物的繁育和迁飞时,则作物虫害便不容易发生,更不容易发生远距离迁飞和大面积危害。

害虫是变温动物,其体温随环境温度的变化而变化。环境温度高,其生理代谢旺盛,生长发育快;环境温度低,其生理代谢弱,生长发育就慢。有的害虫能主动选择环境,以适应环境温度的变化,如蝼蛄等地下害虫在冬季来临时会移入土温较高的地下休眠越冬;粘虫则在夏季往北迁飞,秋天时再迁飞南归,以适应环境的季节变化。当然,每一种害虫都有一定的适宜温度范围。在此范围内,害虫生长发育快,繁殖世代多;超出这一范围,则生长发育受抑,繁殖停滞,甚至死亡。一般,可将害虫生长所需的温度条件划分为致死高温、亚致死高温、适温、亚致死低温、致死低温等5个温度区(图2.18)(王馥棠,1999)。害虫与温度关系的另一特点是害虫完成一个生命期(常称之为虫期或世代)需要一定的积温。因此,当知道某一害虫完成一个世代所需的积温量和当地常年平均积温量后,便可据此估算出当地该种害虫可能发生的世代数,即一年中可繁殖几代和有可能危害几次。如估算表明,在中国东部地区,迁飞性暴食性害虫——粘虫发生的世代数随纬度增加而减少,即在台湾南部和海南岛一带一年可发生7~8代,南岭以南可发生6~7代,南岭以北发生5~6代,江淮和黄淮流域地区发生4~5代,华北北部发生3~4代,东北地区仅2~3代。

温度	温 区	害虫对温度的反应
60	致死高温区	部分蛋白质凝固,酶系统破坏,短时间造成死亡
50	亚致死高温区	死亡决定于高温的强度与持续时间
40	高适温区 ┐	随温度升高,发育速度反而减慢
30	最适温区 ├ 适温区 (有效温区)	死亡率最小,繁殖力最大,发育速度接近最快
20 10	低适温区 ┘	发育速度较慢,繁殖力较低或不能繁殖
0	亚致死低温区	代谢过程很慢,引起生理功能失调,死亡决定于低温的强度与持续时间
-10 -20 -30 -40	致死低温区	原生质结冰,组织破坏死亡

图 2.18 害虫对温度条件的适应范围
(王馥棠,1999)

　　湿度对害虫的影响因害虫的种类而不同。喜湿性害虫,如稻螟虫、粘虫、棉红铃虫等,要求湿度偏高(相对湿度≥70%),在高湿条件下,生长发育旺盛,繁殖又快又多。喜干性害虫要求湿度偏低(相对湿度<50%),在低湿条件下,生长发育好,繁殖数量也多,如棉花红叶螨虫在相对湿度 35%～50%时,生长发育最好;储粮害虫谷蠹在谷物含水量8%时仍能正常生存。此外,湿度和降水还可通过寄生物和天敌生物间接影响虫害的发生和迁移。在自然条件下,温度和湿度(以及其他气候因素)经常是相互影响,而综合地影响害虫的发生与发展的。对同一种害虫来说,其适宜的温度区常可随湿度的变化而转移;适宜的湿度区也可随温度的变化而转移。如

粘虫初孵幼虫在温度为 20～30℃条件下,相对湿度越大,成活率越高;在相同湿度条件下,其成活率有随温度升高而降低的趋势(表 2.14)(王馥棠,1999)。

表 2.14 粘虫初孵幼虫在不同温、湿度条件下的死亡率

(王馥棠,1999) 单位:%

温 度 (℃)	相 对 湿 度（%）					
	18	50	75	80	95	100
23	100.0	80.0	40.0	23.3	23.3	26.1
25	100.0	63.3	73.7	36.7	34.3	33.3
30	100.0	90.4	86.7	55.0	42.4	43.4
35	100.0	100.0	100.0	100.0	100.0	100.0

光照对害虫的影响主要表现为光波、光强和光周期等 3 方面。光波与害虫的趋光性关系密切。光强主要影响害虫的取食、栖息、交尾、产卵等昼夜活动行为,且与害虫体色及趋集程度有一定关系。按照害虫昼夜活动习性与光强的关系,可将害虫分为白昼活动、夜间活动、黄昏活动和昼夜活动等 4 种类型。光周期是引起害虫滞育和休眠的重要因子。自然界的短光照常能刺激害虫引起休眠。害虫的季节生活史、世代交替等均与光周期有关,有的害虫卵的孵化或化蛹羽化等也受光周期的影响。

风与害虫的取食、迁飞等活动习性关系十分密切。一般,弱风刺激起飞,强风抑制起飞;而迁飞的速度、方向基本与风速、风向一致。害虫的降落必须具备高空迁入和低层降落两个条件。前者指高空 1500 m 以下有水平输入气流,它把害虫从虫源地运载输入于当地;后者指近地层必须有下沉气流,以使高空输入的害虫能在当地降落。中国东部地区夏季常受副热带高压天气控制,有利于害虫的迁飞和降落,因此其进退的季节性变化,造成多种迁飞害虫相应地从南往北和由北往南来回迁飞,导致害虫发生远距离迁飞和大面积危害农作物。根据多种迁飞害虫的起飞、降落与天气条件的关系,可以划分为以下三种类型:

春夏型:春季至梅雨季节;迁飞害虫的迁入常与冷锋、静止锋或气旋天气相吻合;有较强的西南风和降雨过程,虫源从西南方向迁入。

夏型:梅雨结束至秋季冷锋开始南移时期;副热带高压边缘,台风倒槽和冷锋等天气系统与迁飞害虫迁入高峰关系密切;有较强偏南气流,虫源从偏南方向迁入。

秋型:秋季冷锋或静止锋从北向南移动时期;害虫的迁飞降落常与秋雨锋面天气相吻合;有较强偏北气流,虫源从偏北方向迁入(即由北往南回迁)。

温室效应气候变暖既对害虫的生育繁殖有影响,同时还对其天敌的繁育有影响,与作物病害相比,害虫与天敌的相生相克,使得气候变暖的影响变得更为复杂。如果气温升高、降水增加或减少有利于害虫,而不利于天敌的生长发育,则虫害会变得更严重;反之,若气候变化有利于天敌而不利于害虫,则虫害就可能大大减轻甚至不发生虫害。一般温度升高会使害虫发育加快,加之积温增加会使害虫的繁育世代增多(表2.15);但若超过害虫的适温范围,便会起相反作用(如图2.18所示)。对迁飞性害虫来说,气候变暖还可能使迁飞时间提前或延迟。此外,气候变湿或变干还将有利于喜湿或喜干性害虫的繁育,从而促使不同种类虫害的演替和更迭。因此,因地因虫监测评估气候变暖对虫害的影响,对于农作物虫害的预测、预防和防治具有十分重要的现实意义。

综上所述,评估气候变暖对农作物病虫害的影响,大体上可从以下几方面来考虑:

(1)气候变暖,特别是冬季温度升高,将有利于害虫和病原体安全越冬,使来年春夏的虫病源基数增大,引发危害面积扩大,危害程度加重。

(2)春秋季温度升高,将延长害虫和病菌的可生育时期,有利于病虫害春季早发,冬季休眠推迟,危害期延长;而积温增加,可使一年中病虫繁育的世代增多,致使农作物受害概率增大。

表 2·15　粘虫常年发生世代及 CO_2 倍增后发生世代的可能变化

(李淑华,1993)

气候带(区)		常　　年		CO_2 倍增后
	北纬(°N)	1月等温线(℃)	发生世代	发生世代
冬季繁殖气候带	18～27	14～8	6～8	7～9
越冬气候带	27～33	8～0	5～6	6～7
迁入气候带　春季迁入气候带	33～36	8～2	4～5	5～6
初夏迁入气候带	36～39	−2～−6	3～4	4～5
盛夏迁入气候带	39°以北	−6℃以下	2～3	2～3

（3）高温干旱时段增多,可部分抑制喜湿性病虫害的流行,也可促使喜干性病虫害的发生和蔓延,从而发生病虫害种类的演替更迭。

（4）空气中 CO_2 浓度增大,植株中含碳量增高,含氮量下降,致使害虫的采食量增大,以满足其对蛋白质的生理需求,导致对农作物的危害加重。

（5）害虫与天敌相生相克,保护天敌,促进气候变暖条件下天敌的繁育,有利于农作物虫害的控制和受害程度的减轻。

农作物病虫害的种类很多,其各自对环境气候条件的要求也不相同;而未来温室效应将使气候如何变暖、变湿或变干,还存在许多科学不确定性。因此,如何因地因时因种类地来减少气候变暖后病虫害加剧可能给农业带来的不利影响,是需要进一步研究探讨的重要对策措施之一。

对农田草害的影响

如本书第 3 章第 1 小节所述,C_3 类作物与 C_4 类作物具有不同的光呼吸生化机制,因此对大气中 CO_2 浓度增加的反应是不相同的,即在大气中造成温室效应气候变暖的 CO_2 含量不断增加的情况下,C_3 类作物的光合同化率将大大提高,而 C_4 类作物的光合同化率却变化不大,进而将失去其在当前 CO_2 浓度下光合同化率高的优势。因此,未来气候变暖、并因降水增加不多而相对变干的气候变化,将有利于大多属于 C_3 类的田间杂草丛生。这些杂草显得生命力强、繁殖快,从而与农作物激烈争夺土壤中有限的水分和养分,尤其是 C_4 类粮食作物的生长发育将因经受不住 C_3 类杂草的这种竞争而大受影响。我国 4 种 C_4 类重要农作物(玉米、高粱、谷子和甘蔗)约占粮食作物总面积和产量的 1/4 左右,特别是在北方,比例更高,产量可达 50% 左右。由于 C_3 类杂草的竞争,很有可能不仅因此抵消了因温度升高气候变暖,使生长季延长而带来的提高产量的正效益;还有可能产生因竞争不到正常生长所需的水分和养分而使产量下降的负效益。显然这对以这些作物为主要农作对象和生活食粮的地区和畜牧业、制糖业将带来难以预料的不利影响(丁一汇、高素华等,1995)。

第三章

气候变化（暖）对作物生长和农业生产的影响

对作物生长发育的影响

大气中温室气体含量增多,引起"温室效应",使气候变暖,对于季风气候明显的中国来说,它还将使季风气候变率加大,旱、涝、风、霜、热害等灾害趋于频繁。这种以气候变暖为主导的气候变化必将对农作物生长发育和产量形成产生明显的影响。但这种影响机制是十分复杂的。它不仅影响因素众多,且各种因素彼此间还相互交错,因此要正确评估其对作物生长发育的综合影响是非常困难的。尤其对中国来说,作为一个农业大国,其作物品种之繁多、种植方式类型与熟制之多样,在世界上是不多见的,这更增加了正确评估的难度。但近年来国内外各国政府和科学家均对此十分关注,相应地开展了大量模拟试验和分析研究。尽管所用方法不尽相同,各种评估结果难以相互比较;加之未来温室气体排放,温室效应气候变化及其对农业影响等诸多方面的模拟估算与预测分析还存在许多不确定性,尚难得出比较一致的科学认识。但大量观测事实和模拟分析均表明,由于大气中 CO_2 等温室气体浓度的不断增加,气候将趋于变暖。这种变暖将主要发生在较高纬度地区,尤其在冬季;降水变化不大,虽略有增加,但远不如温度变化明显。在中低纬度地区,降水甚至有可能减少,致使气候变得更为干旱,使影响作物正常生长的水分胁迫加重。显然这种气候变化必将对整个农业生态系统的平衡与农业生产的稳定和可持续发展带来重大影响。

大气中的温室气体主要有 CO_2、CH_4、N_2O 和一组称做卤碳化合物的人造气体。在气候变暖过程中,CO_2 的增温作用约占65%。大气中温室气体的增加将从两方面影响植物生长和农业生产,即温室气体,尤其是 CO_2 浓度的增加可促进植物的生长发育过程,诸如光合同化、呼吸和蒸腾等,进而有助于最终产量的提高,称之为"直接影响",及由其温室效应使气候变暖,导致植物生长环境发生变化的"间接影响"。显然,前者与 CO_2 的吸收和利用有关;后者又与植物对环境的适应能力和自我调节能力有关。

CO_2 浓度增加对作物生长发育的直接影响

1. 在低层大气中,CO_2 含量按体积计一般只有约0.03%,即300 ppm*;按其质量计为0.05%,可谓含量极微。然而它是植物进行光合作用制造有机物质所必不可少的原料,是太阳能量的转化和储存以及地球生物圈赖以生存和平衡的基础。一般来说,在其他条件不变时,其含量增加将有利于植物的生长发育,但这种影响并没有一定的规律可遵循,关键在于不同作物不同品种在不同环境条件下其叶面气孔的生理功能反应是不相同的。据研究,无论是 C_3 或 C_4 作物,其对外界 CO_2 浓度增加的反应均有以下3种(王馥棠,1993):

(1)气孔具有保护性的 CO_2 调节功能。随着外界 CO_2 浓度的

---

* 此处表示某成分的体积分数为 10^{-6},下同。

增大,其部分气孔关闭,以保持气腔内有一个稳定的 CO_2 浓度,进而保持作物叶片有一定常的光合同化率。由于部分气孔关闭,叶片内外交流的扩散阻力增大,致使蒸腾下降,提高了水分利用效率。作物 C_3 作物气腔内的这一稳定的 CO_2 浓度为 210 ppm,而 C_4 作物为 120 ppm。

(2)气孔不具有 CO_2 调节功能。这种作物随着外界 CO_2 浓度的增大,提高了叶片内外的浓度梯度和向叶内的扩散(吸收率),从而使光合同化率提高;但蒸腾却明显增大,水分利用效率大大下降。因此,水分供应成了限制光合同化率的决定性因素。这种作物具有较高的 CO_2 饱和点,如向日葵叶片可达 800~1000 ppm 之多。

(3)气孔具有介于上述两者之间的中介性调节功能。这种作物随着外界 CO_2 浓度的增大,既能直接受益,提高光合同化率,又部分地关闭气孔,也就是说,使气孔内外的 CO_2 浓度保持一定的比例:C_3 作物为 0.7,C_4 作物为 0.4,如大麦。

不难看出,上述第 1 种作物可在水分亏缺地区,因 CO_2 浓度增加而提高产量;而第 2 种作物只有在水分供应得到充分满足的条件下,才能因 CO_2 浓度的提高而提高光合同化率。换言之,前者可以提高水分利用效率,后者对水分的利用率却是十分低的(表3.1)。

2. C_3 与 C_4 作物对 CO_2 浓度增加的另一个不同的反应是,C_3 作物的光呼吸耗能减少,而 C_4 作物由于本身就具有一种减少光呼吸的生化机制,因此对 CO_2 浓度增加的反应就不那么敏感。其结果是:C_3 作物的光合同化在 CO_2 浓度增大时大大提高,致使 C_4 作物在当前 CO_2 浓度下的光合同化率高的优势不复存在。这种变化将严重影响农田中杂草(属 C_3 作物)和重要的粮食作物——玉米、高粱(属 C_4 作物)之间的平衡现状,共同竞争有限的养分和水分,形成杂草害。

表 3.1　叶面积指数为 4 的 C_3 作物冠层日 CO_2 净同化量、蒸腾量以及蒸腾/同化比的模拟结果(王馥棠,1993)

北纬	天气类型	CO_2 浓度 (ppm)	气腔内 CO_2 稳定			气腔内外 CO_2 浓度 稳定为一定比例			没有调节功能 的气孔		
			y_1	y_2	y_3	y_1	y_2	y_3	y_1	y_2	y_3
10°	晴天	330	659	4.2	64.2	672	4.6	68.2	771	8.0	104.2
	云天	330	298	1.9	62.7	304	2.2	73.0	408	7.0	172.9
30°	晴天	330	753	4.8	64.3	769	5.2	68.1	873	8.5	97.2
	云天	330	330	2.0	61.8	337	2.4	72.2	450	7.3	162.0
50°	晴天	330	785	5.0	63.2	803	5.4	67.0	919	9.2	100.0
	云天	330	329	2.1	63.2	335	2.5	73.5	453	8.0	177.2
10°	晴天	430	663	2.6	39.8	805	4.2	52.3	942	8.0	82.5
	云天	430	298	1.2	40.3	317	1.9	58.9	456	7.0	154.5
30°	晴天	430	759	3.0	39.8	927	4.8	52.2	1073	8.5	82.5
	云天	430	330	1.3	39.1	352	2.0	57.6	503	7.3	144.6
50°	晴天	430	791	3.1	39.1	959	5.0	51.7	1122	9.2	81.8
	云天	430	329	1.3	40.7	348	2.1	59.2	502	8.0	159.4

注:y_1 为逐日净同化量,单位:$kgCO_2 \cdot hm^{-2} \cdot d^{-1}$;$y_2$ 为逐日蒸腾量,单位:$mm \cdot d^{-1}$;y_3 为蒸腾/同化,单位:$kgH_2O \cdot (kgCO_2)^{-1}$。

3. 据研究,在试验条件下,温室内生长的农作物由于 CO_2 含量超过大气正常含量水平 100~300 ppm 时每增加 1% 的 CO_2,光合作用会提高 0.5%;也就是说,当大气中 CO_2 含量超过 400 ppm 时(约增加 20%),光合作用可提高约 10%。1982 年的"大气 CO_2 增加与植物生产力"的国际研讨会认为:CO_2 浓度增加 1 倍,则 C_3 植物光合固碳量可增加 50%,其经济产量与干物质量可增加 20% ~45%,豆科植物的生物固氮能力也将增强(王馥棠,1993)。

4. 国外经过大量的 CO_2 浓度影响试验,对 430 个作物样本实测的研究分析表明,CO_2 浓度倍增将使作物产量增加 30% 左右。我国的类似试验起步较晚,20 世纪 90 年代初利用 OTC-1 型开顶式气室连续进行了 3 年 CO_2 浓度影响试验,也取得了初步的结果:CO_2 浓度增加,C_3 作物生育进程加快,生育期将缩短 2~8 天,C_4 类作物反应不明显;但两类作物的生物量和产量均将随之增加,只是增幅有所不同,其中,大豆增长最为明显,冬小麦和棉花次之,且增长幅度比较相近,惟玉米增长最小(见表 3.2)(王春乙等,1997)。这表明 CO_2 浓度增加对不同类型作物的生长发育与产量形成的影响有明显的差异,C_3 类作物的增长率明显地大于 C_4 类作物。如上所述,这种差异来源于 C_3、C_4 类作物对 CO_2 浓度增加的不同功能反应、响应机制以及不同的 CO_2 同化饱和点。近年来,应用作物生长模拟模式模拟了 CO_2 浓度增加对华北冬小麦总干物重的可能影响,也取得了比较相似的结果(表 3.3)(周晓东等,2002)。

表 3.2　CO_2 浓度倍增对作物产量的影响

(王春乙等,1997)　　　　　　　　　　单位:$g \cdot 株^{-1}$

作　　物		大豆	冬小麦	棉花(皮棉)	玉米
试验处理	700ppm	12.2	5.9	20.9	149.0
对　　照	350ppm	7.3	4.6	16.4	121.2
增长率(%)		67.1	28.3	27.4	22.9

表 3.3　不同 CO_2 浓度对冬小麦总干物重的可能影响(周晓东等,2002)

CO_2 浓度(ppm)	360	400	500	600
总干物重($kg \cdot hm^{-2}$)	17911.2	19093.7	21476.8	23278.0
总干物重变化(%)	0	+6.6	+19.9	+30.0

此外,上述 CO_2 浓度影响试验还显示对作物产品的品质也有一定影响,即 CO_2 浓度倍增对冬小麦和棉花品质的影响可能是利大于弊;对玉米品质的影响为弊大于利;对大豆品质影响总的来说也是弊多利少。

综上所述,不难看出,CO_2 浓度增加既对植物生长直接产生明显的正效应,又同时可能对其品质产生潜在的不利影响。而且在农业生产实践中,这种有利影响的愿望并不总是能实现的。作物生长往往更受制于土壤的养分和水分供应,不同作物对这些有限资源的竞争,将大大影响对 CO_2 浓度增加的有利反应,因此,CO_2 浓度增加对植物生长的直接效应究竟有多大,尚难以明确量定,至少在量值上比试验条件下观测到的要小。

气候变暖对作物生长发育的影响(间接影响)

一般来说,在水分条件得到满足的情况下气候变暖将有利于作物的光合同化速率的提高,使农业气候热量资源变得更丰富,进而延长生长季、缩短霜冻期,不仅可使现有种植区界大大向北扩展,提高复种指数,使种植品种多样化,还可使长期以来困扰高纬农业区的低温冷害获得明显缓解,为北部寒冷地区农业生产的发展、生产力的提高创造有利条件。

但值得指出的是,气候模式的模拟研究还显示出,与温度明显升高的同时降水却增加不多(表 3.4)(丁一汇、高素华等,1995),气候的这种变化对中国大部分地区的作物生长发育来说将会产生不利影响。因为作物的光合同化作用不仅受益于 CO_2 浓度的增加;还受制于温度和降水的变化。温度升高、有效水分减少能抑制 CO_2 的吸收,进而减弱光合同化过程的强度;还可能由于温度升高而使作物受到高温胁迫的影响,甚至中断或终止正常的生长发育进程。此外,温度升高还能加速土壤中肥料的分解和流失;较高的蒸散(发)率还可能抵消因 CO_2 增加而提高的水分利用效率以及原本就增加不多的降水量,从而使作物生长的水分胁迫加重。而作物的呼吸消耗也将随温度升高而呈指数性递增,使光合同化产物被植株自身的维持呼吸大量耗损。较高的温度还会加快作物的生育进程,缩短生育期,使之来不及累积光合同化产物、充盈籽粒而提前"成熟",导致籽粒不饱满或瘪粒而减产。此外,这种温室效应还将有利于病虫草害的发生和发展,使有关农药的药性下降。这些不利影响将使作物最终产量受到不少损失,有人估计可达 20%。显然这将大大抵消气候变暖对农业生产带来的有利影响。

表 3.4 中国地区 2000～2100 年气候变化情景
（取 1951～1980 年气候为基准气候）(丁一汇、高素华等,1995)

年 代	2000	2020	2040	2060	2080	2100
温度变化(℃)	0.20	0.65	1.06	1.64	2.3	2.95
降水变化(%)	0.6	1.9	3.2	4.5	6.3	8.9

　　我国地域辽阔,气候复杂,作物品种繁多,农业种植方式多种多样,因此,气候变暖对不同地区的作物生长和农业生产影响是十分不同的。单从温度升高变化影响来说,在目前温度条件适宜的亚热带(江南)地区,气候变暖,尤其是随之而来的异常高温,将对作物生长产生不利的热害,胁迫作物来不及灌浆而提前成熟。而在目前温度较低的东北农业区,气候变暖将有利于生长季的延长,低温冷害威胁可能减少,从而使作物的生长环境有可能获得较明显的改善。但在目前温度条件已经过高而不太适宜于作物生长的低纬度地区,温度升高必将使作物生长的环境条件趋于恶化,虽然作物全年均可生长,但却同时面临高温热害和伏旱的胁迫影响。水分变化的影响大致有以下两种类型:一种是目前水分适宜和过多的地区或季节,降水增多将对作物生长不利;若降水减少,则前者稍有不利,后者则相反,变得有利。如苏北皖北地区,与气候变暖同时降水增多将导致冬小麦减产。另一种类型是在目前水分短缺地区,如华北北部内蒙古一带干旱农业区,属对水分敏感的农牧过渡带地区,降水增多将会有利于作物生长,使农业生产获得好收成;而降水减少将会产生严重的不利影响,旱地农业面临干旱化威胁,甚至颗粒无收。

　　可见,气候变化对我国作物生产和农业生产的影响是错综复杂的。正确评估气候变化对农业影响应该区别不同地区、不同季节、不同作物种类和气候类型(表 3.5)(王馥棠,1993),综合考虑温度、降水、作物生物特性以及社会经济应变能力等诸多因素的效应,否则就难以得出客观、科学和可信的结果。

表 3.5　气候变化对中国部分地区水稻、冬小麦和
玉米产量的可能影响(王馥棠,1993)

地　　区		温度上升1℃		温度上升2℃		温度上升3℃	
		降水不变	降水增加10%	降水不变	降水增加10%	降水不变	降水增加10%
水稻	湖南、江西	0.8	0.7	1.6	1.5	2.5	2.4
	湖北、安徽、江苏	0.5	0.0	0.9	0.4	1.4	0.9
	浙江、上海	0.7	0.5	1.3	1.1	2.0	1.7
冬小麦	淮河以北(春季)	−1.2	−1.1	−3.0	−2.9	−4.5	−4.4
	(秋季)	5.0	5.8	11.1	11.8	16.7	17.3
	淮河以南(春季)	1.4	0.9	2.4	1.9	3.6	3.1
	(秋季)	−2.4	−2.6	−4.1	−4.2	−5.8	−6.0
玉米	东北大部	11.2	9.6	25.0	23.4	37.5	35.9
	东北西南部	−2.8	−3.6	−5.6	−6.5	−8.4	−9.3

注:假定目前的种植熟制、地区、品种和农技措施等条件不变,以20世纪80年代产量水平的百分比表示。

对农业(作物)气候生产潜力的影响

作物气候生产潜力是假设作物品种、土壤肥力和耕作技术适宜时,在当地光、热、水气候条件下单位面积可能达到的最高产量。根据考虑的条件不同,可分为:温度、水分条件适宜,仅由实际太阳辐射决定的光合生产潜力;水分适宜实际由辐射和温度条件决定的光温生产潜力;实际光照、温度、水分条件所决定的气候生产潜力。

作物气候生产潜力的估算方法主要有经验统计模型和动力生长模型两大类。前者根据生物量与气候因子的统计相关关系建立数学模型。如根据年平均气温和年平均降水量建立的 Miami 模型和改进的 Thornthwaite 模型。还有后来发展的半理论半经验模型,如 Chikugo 模型。后者考虑了植物的生长过程,从叶片光合作用与温度和辐射的基本关系出发,机理性较强。如在荷兰 de Wit

第一级生长模拟模式上发展起来的计算作物最高产量的Wageningen方法和农业生态区域法(AEZ)。这些方法是先利用辐射计算标准作物的可能生产潜力,再进行作物种类和温度订正、叶面积订正及呼吸订正,得到由辐射和温度决定的最高产量,即光温生产潜力。

除此之外,还有一种介于二者之间的简化的方法。即从辐射转换原理出发,考虑光合有效辐射比例、冠层吸收、非光合器官无效吸收、光饱和限制、光量子效率、呼吸消耗和水分含量等因素后得到由太阳辐射决定的光合生产潜力,然后根据实际温度对生长适宜温度的偏离进行订正,得到光温生产潜力。还可以再进一步进行作物水分供需满足程度的水分订正,从而得到由太阳辐射、温度、水分决定的气候生产潜力。

气候生产潜力的估算是土地资源生产力评估和农业发展战略制订的重要依据。在研究气候变化对农业、土地利用、土地人口承载力的影响时,势必要考虑气候变暖对气候生产潜力的影响。

对光温生产潜力和气候生产潜力的影响

章基嘉等(1993)曾用全国160个气象站1951~1990年逐月温度及光合有效辐射资料,分析了40年气候变化对中国光温生产潜力的影响。首先,从160个站的平均光温生产潜力的10年滑动平均曲线图上,可以清楚地看到,光温生产潜力随气候变化而有很大起伏。20世纪50年代和70年代初期是2个低值期,60年代中期和70年代后期有2个高值期,进入80年代出现明显的增长趋势(图3.1)。这一变化规律与160个站年平均气温的10年滑动平均曲线变化几乎完全一致。为了看出地区光温生产潜力变化的空间分布特征,作者分别绘制了160个站20世纪50、60、70和80年代的光温生产潜力与40年平均光温生产潜力的距平空间分布图。从图上,一方面可以看出50年代全国光温生产条件欠佳,80年代最好;另一方面,北方光温生产潜力的变化明显大于南方,西北地区最大,长江中下游地区最小(图 3.2)。

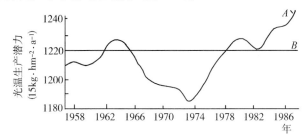

图 3.1　全国 160 个站平均光温生产潜力的 10 年滑动平均变化曲线

(章基嘉等,1993)

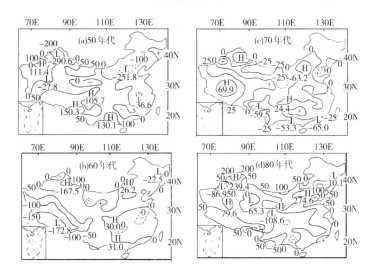

图 3.2　全国 160 个站各年代平均光温生产潜力减去 40 年

(1951～1990 年)平均值的距平分布(15 kg ·hm^{-2}·a^{-1})(章基嘉等,1993)

　　根据用 Thornthwaite 模型计算温度变化对我国植被生产力影响的研究(丁一汇、高素华等,1995),当温度变化±1℃,全国大部分地区植被气候生产力变化幅度为±(2.5%～3.5%),黑龙江北部最高,可达±(5%～7.5%)。降水的变化对气候生产力的影响大于温度的影响。当年降水量减少10％,长江以南植被生产力将降低3％,长江、黄河之间将减少3％～5％,黄河以北将降低5％以上。此外,该研究还分析了假定未来不同温度、降水组合下的植被气候生产力变化(图3.3)。

"暖湿型"气候

当年平均气温升高1℃、年降水量增加10％(暖湿)时,全国各地气候生产力均呈增加趋势。由南向北增大,西北最大,正距平在10％以上,新疆的东部可达20％以上,华南在5％以下。

"暖干型"气候

当气温增加1℃、降水减少10％(暖干)时,全国大部分地区植被气候生产力为负距平。东北地区北部和东部为正距平,平均增加2％左右。另一片较大的正距平区在长江以南地区,但距平值大部在1％以下,江西稍高,在1％～2％。青海大部也是正距平,北部玛多地区正距平为全国的高值中心,达4％左右。其余地区均为负距平,西北负距平值均在5％以上,大部地区在10％以上。

"冷湿型"气候

当气温降低1℃、降水增加10％(冷湿)时,北方尤其华北、西北均为正距平而且距平值较高,其中西北地区为5％～20％,华北的河北、山东距平值为1％～3％。东北除西部干旱区为正距平外,其余地区为负距平,距平值中部小、东部和北部大,这可能因为北部本来热量就不足,温度再低热量更差,生长期更短,同时东部降水一直比较多,再增加有可能出现湿害,也不利于干物质形成和积累。南方除云南元江地区,广西河口、龙州地区为正距平外,均为负距平,一般在1％～2％。看来温度降低而降水增加(冷湿型)在一定范围内对北方干旱半干旱地区农业有利。

"冷干型"气候

在年平均气温降低1℃、年降水量减少10％的冷干气候下,全国均为负距平。从距平值来看,对北方的影响大于南方。

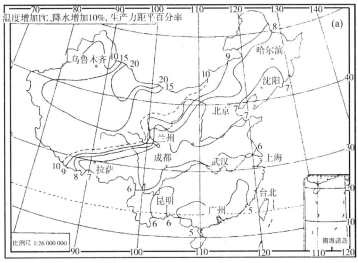

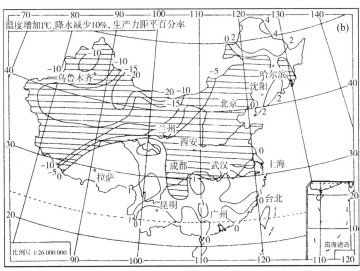

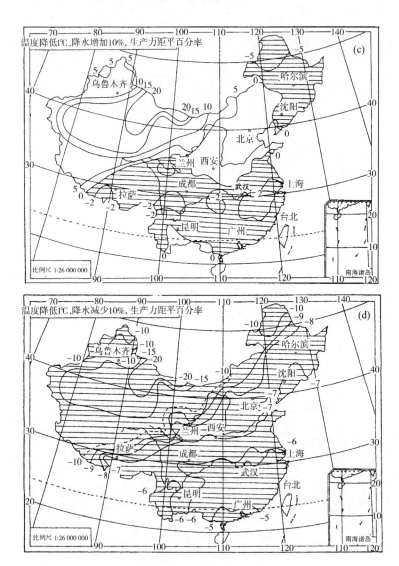

图 3.3　不同温度、降水组合下气候生产力的变化

(丁一汇、高素华等，1995)

对作物气候生产潜力* 的影响

小麦气候生产力的可能变化

小麦是我国第二大作物，在北方冷凉地区和亚热带、暖温带的低温季节广为种植，以暖温带和亚热带北部较为集中。水分不足、干旱频繁是影响小麦的主要因子。在新疆、黄土高原和华北北部还存在越冬冻害问题。未来气温、降水的变化有可能直接影响到小麦气候生产力。

计算 CO_2 倍增情况下作物气候生产力变化的关键是确定气候生产力的计算模型和未来气候变化情景。下面介绍一个未来小麦气候生产力变化研究的例子。

该研究采用前面介绍的第三种方法，即从辐射转换原理出发，在当地每月太阳辐射总量的基础上，考虑光合有效辐射比例、冠层吸收、非光合器官无效吸收、光饱和限制、光量子效率、呼吸消耗、水分含量等因素，得到由太阳辐射决定的光合生产潜力。然后根据当地各月实际平均温度对生长适宜温度的偏离，选择指数函数形式对光合生产潜力进行订正，得到光温生产潜力。由于对北方小麦种植地区而言，水分是十分突出的限制因子，因此还有必要进行作物水分供需满足程度的水分订正。为简便起见，研究中直接以某月的降水量与潜在蒸散量的比值代表水分供需程度，与光温生产潜力相乘，即得到由当地太阳辐射、温度、水分条件所决定的气候生产潜力。整个计算从小麦生育期开始，直至生长结束。在分别得到当前气候情景和 CO_2 倍增气候情景下的小麦气候生产力之后，便可知道未来小麦气候生产力的可能变化。

该研究参考有关文献，设定了如下 CO_2 倍增气候变化的情景：北方冬小麦区冬季增温 2.1℃，夏季增温 1.2℃，春秋季增温 1.5℃；降水采用降水减少较多和减少较小的 2 种方案（表 3.6）。

---

* "气候生产潜力"又名"可能气候生产力"，常简称为"气候生产力"，下同。

考虑到温度升高会引起小麦生育期发生变化的因素，研究时假定品种对温度需求的指标不变，按照可能变化的温度重新计算，得到未来的播种期、越冬期及返青以后的各个发育期。按照这种算法，现行品种的冬小麦在气候变暖情景下，播期将推迟，成熟期将缩短13～18天，但同样由于气温升高，小麦停止生长的越冬期也相应有所缩短，所以有的地区冬小麦实际生长天数反而略有增加（气候变化对农业影响及其对策课题组，1993）。

表 3.6　CO_2 倍增情景下我国各地降水变化的两种方案

（气候变化对农业影响及其对策课题组，1993）

类　型	地　区　范　围	降水变化	
		方案 I	方案 II
南方沿海	两广，福建，浙江，江苏南部的沿海地区	+10%	+20%
北方沿海	江苏北部，山东的沿海地区	0%	+10%
新疆	新疆自治区	0%	+10%
黄河中上游	山西，陕西北部，甘肃，青海，宁夏，内蒙古西部	−20%	−10%
其他地区		−10%	0%

　　图 3.4 为不考虑大气中 CO_2 浓度上升对小麦光合作用直接影响，只根据生产力模型中所需气温、降水的变化所估算的我国北方小麦气候生产力变化的百分率。其中(a)为变化方案 I 的情景，降水减少较多；(b)为变化方案 II 降水减少较小的情景。从图中可以看出，除沿海个别站点外，北方小麦气候生产力普遍下降。方案 I 的情景下，小麦生产力变化幅度为−7%～−35%左右；方案 II 的情景下，小麦生产力变化幅度为+2%～−27%。从图中还可以发现，不同站点下降值的分布存在一定的规律性。纬度较高地带气候生产力下降值比纬度较低地带大。例如，经度相差不多而纬度差异较大的 3 个站点郑州、石家庄和北京，在降水变化百分率相同（−10%）的条件下，其小麦生产力变化依次为−17%、−23%和−28%。造成这种明显差异的原因，主要是由于在不同纬度带，气

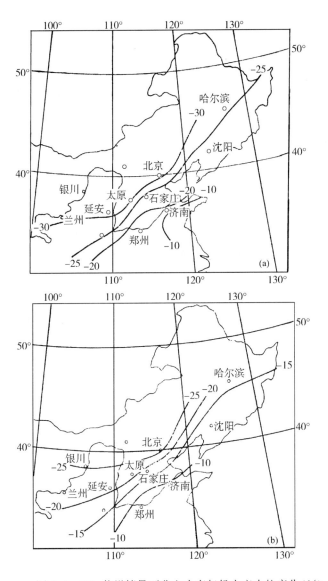

图 3.4　CO_2 倍增情景下北方小麦气候生产力的变化(%)

(a):方案 I　(b):方案 II(气候变化对农业影响及其对策课题组,1993)

候变暖导致冬小麦生育期缩短情况不一样。未来气候变暖情景下，较温暖地区冬小麦播期可能推迟到 10 月份，而成熟、收获期有可能提前到 5 月份，这样就有可能错开高温危害，避免了当前气候下经常遇到的生长后期干热风危害。相反，北京、石家庄和太原属于相对冷凉地区，即使生育期有所缩短，仍未避开后期 6 月份高温的不利影响。由于考虑了水分订正，而不同地区未来降水变化情况又不尽相同，因此各地小麦气候生产力还是有很大差别的，如临沂为 2%～−7%，运城为−7%～−16%，兰州为−24%～−32%。

值得注意的是，前面有关部分已经提到大气中 CO_2 浓度增加后，由于作物光合作用速率增强，水分利用率提高，而表现出一定的直接的正效应。因此，将有可能使前面所提到的北方小麦气候生产力的降低幅度有所减小。但据此研究估计，即使考虑到 CO_2 浓度增加对小麦光合作用有增强 20% 的正效应，仍有 42.5% 的站点未来小麦气候生产力的变化为负值。这说明前景仍不能令人乐观。因此，农业生产中应当重视培育抗逆性强的高产优良品种，改善农田灌溉设施，调整种植制度，以便利用增加的热量资源，克服不利因素，适应气候变化带来的影响。

水稻气候生产力的可能变化

水稻是我国首位粮食作物，栽培面积大、产量高，对我国农业生产起着十分重要的作用。我国南方多数地区水稻为多熟种植，生长季节长，既存在低温影响，又有高温胁迫，后期还可能遭遇低温冷害。另外，还有不少地区因季节性干旱或丘陵高地而无法灌溉，与降水量关系密切。因此，气候变化对水稻气候生产力的影响是一个值得关注的问题。

关于未来水稻气候生产力和水稻产量变化的研究很多。有的研究对水稻生长过程和影响因素考虑得非常细致，对整个水稻生育期进行以旬为时间步长的逐旬计算累加（气候变化对农业影响及其对策课题组，1993）。我们知道，植物是依靠叶片获取太阳辐射进行光合作用进而积累物质、生长、发育、直至形成产量的。而叶片在植物生长过程中是从小到大,再逐渐衰老而枯黄的。考虑到这一点,在计算辐射向生物量的转换时,将群体吸光率处理为水稻群体叶面积指数的负指数函数,叶面积指数分别取为播种期0、分蘖初期1、拔节期4、抽穗期7、成熟期4。与一般的方法不同,该研究计算光温生产潜力时的温度影响订正不用旬平均气温,而是采用与光合作用有关的白天平均气温(用日平均气温与气温日较差的1/4之和近似表示)。另外,还计算了受温度影响的植株呼吸消耗数量。水分订正系数的计算与上述小麦气候生产力的计算相同,用旬降水量和旬潜在蒸散量的比值表示(气候变化对农业影响及其对策课题组,1993)。

未来CO_2倍增气候变暖情景下我国南方气候变化的预测是根据多个大气环流模式的模拟结果综合而得到的。在30°N以南地区,全年各季温度变化均增加1.35℃;30°~40°N地区冬季增加1.8℃,夏季增加1.2℃,春秋两季均增加1.5℃。降水变化分两种方案:沿海地区为+10%、+20%;长江中上游为0、−10%;其他地区为0、+10%。

从计算结果中可以看出(图3.5):第一,在未来CO_2倍增气候变暖情景下,我国南方灌溉条件下的水稻气候生产力将普遍有所下降,造成气候生产力下降的原因,主要为:①在现有品种不变的情况下,气温升高造成生育期缩短,减少了水稻光合作用累积干物质的时间;②气温增高加大了水稻的呼吸消耗,使净光合产物减少;③白天温度升高影响水稻的光合速率,也减少水稻的干物质累积。第二,从地理分布上看,我国南方西部和东部沿海地区减少率较小,而中部减少率较大。这主要因为中部地区大多种植双季稻,而西部与东部长江下游地区大多种植单季稻。未来CO_2倍增气候变暖情景下,现有品种的单季稻生育期缩短天数少一些(1~9天),而双季稻缩短天数则大得多(6~19天);同时,单季稻呼吸消耗系数变化和白天温度系数变化都比双季稻小得多。简言之,单双季稻气候生产力的各因子对气候变暖反应的显著差异,主要是由

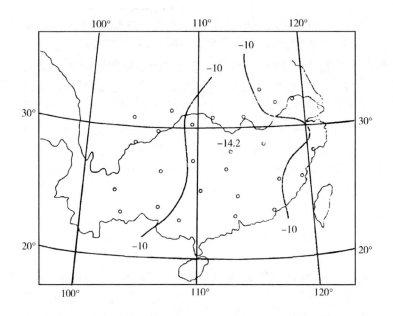

图 3.5 CO_2 倍增情景下我国南方灌溉条件下水稻气候生产力的变化(%)

(气候变化对农业影响及其对策课题组,1993)

于双季稻和单季稻生育期不同,在未来气候变暖条件下,特别是温度变化后所处的发育期及相应气象条件的利弊程度发生变化所致。总体上看,单季稻气候生产力将平均下降 5%~10%,双季稻则将下降 10%~14%,其中早稻气候生产力的下降将少于晚稻。

我国南方仍有许多稻田缺少完善的灌溉设施,而在一些丘陵高地由于存在季节性干旱和农业生产条件有限,灌溉能力不足,因而产量与降水的关系十分密切。那么,未来气候变暖情景下降水量的变化将会对这些地区的雨养水稻产生什么影响呢?根据气候变化对农业影响及其对策课题组(1993)的计算,在未来降水量减少较多的方案 I (南方降水变化率-10%~10%)下,雨养的水稻气候生产力可能降低较多;相同降水变化方案下,单季稻的影响要小于双季稻。总体而言,在方案 I 的气候变暖情景下,降水变化率为

—10%的地方,水稻气候生产力平均将降低 12.1% 左右;降水变化率为 0 的地方,平均将降低 11.8%;降水变化率为+10%的地方,平均将降低 6.1%。由此可见,南方雨养水稻的干旱问题是存在的,未来 CO_2 倍增气候变暖情景下的降水变化将对雨养水稻的气候生产力产生重大影响(图 3.6)。

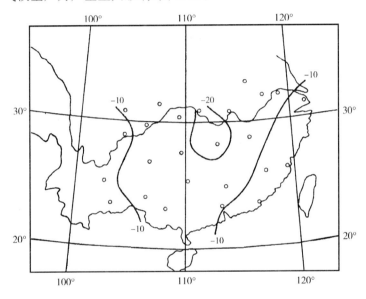

图 3.6 CO_2 倍增气候变暖情景下我国南方雨养水稻(方案 I)
气候生产力的变化(%)

(气候变化对农业影响及其对策课题组,1993)

当考虑了 CO_2 浓度增加使水稻光合作用速率提高 20% 的直接效应后,南方除个别地点外,灌溉水稻生产力普遍都有所提高,其中单季稻将平均提高 12.76%,双季稻将平均提高 4.99%。雨养水稻在降水较多的方案 II 情景下,大多数地方的水稻生产力也有所提高,单季稻将平均提高 9.50%,双季稻将平均提高 3.94%;而在降水较少的方案 I 情景下,单季稻将以增为主(平均变化

4.15%），而双季稻则将有增有减，平均变率将为-5.07%。

玉米气候生产力的可能变化

玉米是 C_4 植物，对大气中 CO_2 浓度增加的反应不如 C_3 植物（小麦、水稻等）敏感。当 CO_2 倍增后，光合速率只提高 0~10% 左右（王绍武，1989）（C_3 植物可提高 50%）。据李玉娥、张厚瑄（1992）的研究，由于气候变暖，计算华北夏玉米气候生产潜力时，其温度订正项的提高幅度远远大于水分订正项减小的幅度，加之考虑 CO_2 浓度增加后的直接效应所导致光合速率增强的正效应，所以尽管华北夏玉米生育期将有所缩短，但气候生产潜力仍可望提高 9.5%~21.2%。

黄土高原近 30 年玉米气候生产潜力的变化与玉米生长期（4~9月）的温度变化趋势十分一致，20 世纪 80 年代中期为低谷时期，后期才开始增长。总体平均看，黄土高原 20 世纪 80 年代的光温生产潜力低于 30 年平均值，也低于 20 世纪 60 和 70 年代（张强等，1995）。该地区 20 世纪 80 年代多数年份的年平均气温距平为正值，而 4~9 月平均气温大多为负距平，这是造成 80 年代光温生产潜力较低的原因，也可以说明 80 年代该地区秋、冬季气温偏高对年平均气温的贡献较大。

大豆气候生产力的可能变化

前面已经谈到，太阳辐射作为自然界的主要能源，是参与植物光合过程，形成生产力的第一位因素。只是因为目前关于气候变化时太阳辐射变化的研究甚少，我们才主要从温度、降水出发来分析研究其未来的可能变化。事实上，由于人类社会生产活动而排入空气中的氯氟烃大量增加，破坏了大气臭氧层，使到达地面的太阳紫外辐射有所增加，这也将会对植物的生长发育造成不利的影响（参见第 2 章相关内容）。例如大豆，它将大大地抑制大豆的株高，减少叶面积，使其生理活动受阻，最终导致产量下降。据 IPCC 第二工作组 1990 年的报告，2045 年生物型有效紫外辐射（UV-B）最大可增加 20%~25%（郑有飞等，1995）。而如果太阳紫外辐射增加 8%

～10%,则可导致大豆减产40%以上(郑有飞等,1998)。

如果考虑这一因素,未来大豆生产潜力会发生什么变化呢?有一项研究专门计算了当前气候和CO_2倍增时南京地区春大豆的气候生产潜力。其中除了在光合生产潜力上进行温度和水分订正以外,还分别考虑了CO_2直接效应和紫外辐射修正作用(郑有飞等,1998)。根据该研究的计算,当前气候下的光合生产潜力、光温生产潜力和气候生产潜力分别为22 245.0、11 902.5和9840.0 kg·hm^{-2}。从各发育阶段大豆生长所需的适宜温度和南京地区当前温度状况相比,南京地区当前的气候条件对大豆总体上是比较适宜的。如果大豆生长前期温度升高1.5℃,对生长仍属有利;但反之,如果在生殖生长阶段气温升高,则将对大豆鼓粒和成熟不利,气候生产潜力将下降292.5 kg·hm^{-2}。对降水而言,除了苗期降水增加过多(20%)对幼苗生长不利以外,其余时间没有明显影响。如果进一步考虑CO_2和紫外辐射变化的作用,前者取20%的增产正效应,后者估算减产40%,则将导致气候生产潜力下降3930.0 kg·hm^{-2}。因此,综合结果是未来南京地区的春大豆气候生产潜力将可能下降22.9%。

东北地区作物气候生产潜力的可能变化

东北是我国重要的粮食生产基地。但这一地区热量资源相对偏少,年际变化较大,东、西部地区农业气候资源要素匹配状况又不甚理想,影响着农业生产的高产、稳产。当前,在东北地区气候明显偏暖的形势及全球气候变暖的背景下,人们很自然会问,地处中高纬度理应受益显著的东北地区,其未来气候生产潜力将如何变化呢?

陈峪、黄朝迎(1998)根据东北22个气象站1961～1965年的气象资料,分别计算了东北各地不同温度、降水变化情景下的玉米、水稻、大豆3种作物的光合、光温和气候生产潜力,并比较各地变化的差异。他们发现,3种作物中增温对水稻的生产最有利;不同增温幅度相比,增温越大,作物气候生产潜力增加越大;地区间气候生产潜力变化的差异很大,热量条件差的地区,增温 1℃可使作物气候生产潜力提高 20%以上。由于当前东北地区降水分布为西干东湿,因此,若未来气候变湿,西部地区各作物气候生产潜力提高 10%～20%,而东部则降低 5%～10%;反之,气候变干,则对西部不利。

牧草气候生产潜力的可能变化

天然草原上牧草的产草量大小主要受气候因子的控制。对于我国东北松嫩草原来说,水分是制约产草量的主导因子。邓惠平、刘厚风(2000)以牧草生长季土壤蒸散与蒸发力之比来表示土壤水分的供需状况,根据羊草群落产量实测资料与该比值的统计关系,估计在 OSU、GISS、GFDL 和 UKMO 4 个大气环流模式预测的气候变化情景下,产草量将减少 2%～4%。如果同时考虑降水和温度,利用我国东北草原贝加尔针茅草生产量与降水、积温的回归模型,在土壤有机质含量为 65 g·mg^{-1}时,OSU 情景下生物量将减少 2%;土壤有机质减少至 40 g·mg^{-1}时,生物量减少比例将增加为 8%。

对农业生产与作物产量的影响

对全球与中国粮食产量影响的模拟

一般说来,在水分和养分获得充分保证的条件下,CO_2 温室效应的气候变暖将有利于植物初级生产力以及作物最终产量的提高。国内外对此均做了不少的分析和研究,但由于使用的方法不同,结果却不尽相同,难以比较。如国外有的研究按模式推算,认为 CO_2 浓度倍增可导致整个北半球的植被生产力提高约 28%;有的研究提出,若大气中 CO_2 浓度增加至 400 ppm,则美国的三大主要粮食作物(小麦、玉米和大豆)的产量可提高 2%～8%(王馥棠,1993)。

国内据早先简单统计模拟估算,认为 CO_2 倍增后,地处北纬 20°～50°之间的我国部分地区的农业生产大都会有增产效果,只是研究方法不同,量值差异较大。如有的认为,年平均气温上升 1℃,降水增加 100 mm 粮食可增产 10%左右;有的认为可增产约 5%;还有的认为,CO_2 倍增温度升高 2.5℃情况下,可增产约 9.5%等等(王馥棠,1994)。应用天气-产量模式的模拟分析还表明,温室气候效应对我国作物产量的影响将因作物品种、种植地区和生长季节的不同而不同。在当前农业耕作体系和农技措施水平条件下,总体上受温室效应气候变暖影响,东北地区的玉米产量波动最大,黄淮海地区冬小麦次之,长江中下游水稻最小(表 3.7～表 3.9)(王馥棠等,1991)。地区上,气候变暖可使华北北部和东北大部的农业生产环境变得有利,包括热量资源增多、潜在生长季延长和低温冷害缓解等;江南地区变化不大;最不稳定的是华北中南部和江淮流域。时间上以秋季增温的影响最为明显(表 3.8)(王馥棠等,1991)。

表 3.7 气候变化对东北地区玉米产量影响的模拟

(王馥棠等,1991)

单位:%

降水变化 (%)	温度升高(℃)					
	2	3	4	2	3	4
	有利影响区(东北大部)			不利影响区(东北西南部)		
+20	21.8	34.3	46.8	−7.5	−10.2	−13.0
+10	23.4	35.9	48.4	−6.5	−9.3	−12.1
0	25.0	37.5	50.0	−5.6	−8.4	−11.1
−10	26.5	39.1	51.6	−4.6	−7.4	−10.2
−20	28.0	40.7	53.2	−3.7	−6.5	−9.3

但在实际生产条件下,情况要复杂得多。一方面,水分和营养条件并不总是那么理想,作物大部分时间是在水分和养分条件的不同程度胁迫下生长和发育的;另一方面,还取决于其他自然因素的影响,如病虫害等自然灾变以及各种社会经济政策的影响。近年来,随着气候变暖及其影响的动力模式模拟研究的进展,考虑到作

表 3.8 气候变化对黄淮地区冬小麦产量影响的模拟

（王馥棠,1991）　　　　　　单位:%

降水变化(%)		温度升高(℃)					
		2	3	4	2	3	4
		南 部			北 部		
秋季	+20	12.4	18.0	21.5	-4.3	-6.5	-8.1
	+10	11.8	17.2	20.6	-4.2	-6.0	-7.9
	0	11.1	16.7	19.8	-4.1	-5.8	-7.7
	-10	10.4	16.1	19.0	-4.0	-5.6	-7.4
	-20	9.8	15.5	18.1	-3.9	-5.2	-7.2
冬季	+20	5.1	7.4	9.9	0.9	1.6	2.2
	+10	4.8	7.2	9.8	0.9	1.7	2.4
	0	4.6	6.9	9.6	1.3	1.9	2.5
	-10	4.3	6.6	9.5	1.5	2.2	2.7
	-20	4.1	6.4	9.3	1.6	2.3	2.9
春季	+20	-2.9	-4.3	-5.8	1.5	2.6	3.9
	+10	-2.9	-4.4	-5.9	1.9	3.1	4.3
	0	-3.0	-4.5	-6.0	2.4	3.6	4.8
	-10	-3.1	-4.6	-6.1	2.9	4.0	5.2
	-20	-3.2	-4.7	-6.2	3.3	4.5	5.7

表 3.9 气候变化对长江中下游地区水稻产量影响的模拟

（王馥棠等,1991）　　　单位:kg·hm^{-2}

降水变化(%)	温度升高(℃)								
	1	2	3	1	2	3	1	2	3
	南 部			北 部			东 部		
+20	34.5	76.5	118.5	31.5	4.5	24.0	13.5	51.0	90.0
+10	37.5	81.0	123.0	1.5	27.0	54.0	28.5	66.0	103.5
0	42.0	84.0	126.0	30.0	57.0	84.0	42.0	79.5	117.0
-10	45.0	88.5	130.5	60.0	87.0	114.0	55.5	93.0	130.5
-20	49.5	91.5	133.5	90.0	117.0	145.5	69.0	106.5	145.5

表3.10 全球主要小麦生产区(国)当前单产和总产与
CO₂倍增气候情景下的模拟小麦单产和总产的变化
(分估算和不估算 CO₂ 直接效应两类)

国家	当前产量				模拟产量的变化(%)					
	单产 (t·hm⁻²)	面积 (10³ h·m²)	总产 (10³ t)	总量的%	GISS[1]	GFDL[1]	UKMO[1]	GISS[2]	GFDL[2]	UKMO[2]
澳大利亚	1.38	11 546	15 574	3.2	−18	−16	−14	8	11	9
巴西	1.31	2 788	3 625	0.8	−51	−38	−53	−33	−17	−34
加拿大	1.88	11 365	21 412	4.4	−12	−10	−38	27	27	−7
中国	2.53	29 092	73 527	15.3	−5	−12	−17	16	8	0
埃及	3.79	572	2 166	0.4	−36	−28	−54	−31	−26	−51
法国	5.93	4 636	27 485	5.7	−12	−28	−23	4	−15	−9
印度	1.74	22 876	39 703	8.2	−32	−38	−56	3	−9	−33
日本	3.25	237	772	0.2	−18	−21	−40	−1	−5	−27
巴基斯坦	1.73	7 478	12 918	2.7	−57	−29	−73	−19	31	−55
乌拉圭	2.15	91	195	0.0	−41	−48	−50	−23	−31	−35
前苏联										
冬小麦	2.46	18 988	46 959	9.7	−3	−17	−22	29	9	0
春小麦	1.14	36 647	41 959	8.7	−12	−25	−48	21	3	−25
美国	2.72	26 595	64 390	13.4	−21	−23	−33	−2	−2	−14
全球	2.09	231 000	482 000	72.7	−16	−22	−33	11	4	−13

注:上角标 1 表示 CO₂ 倍增下的气候变化情景;上角标 2 表示 CO₂ 倍增并估算了 CO₂ 直接效应的气候变化情景。总量的%指占全球总产量的%。

物品种和地区差异以及气候变暖的综合效应(生态、气候、环境及 CO₂ 的直接影响等),国外有研究认为,并不排除对农业生产产生不利影响而导致粮食减产的可能。表3.10与图3.7、3.8清楚地表明:北半球高纬度地区的农业生产将有较大幅度的增产,而中低纬度地区的农业将因气候变暖而呈下降的减产趋势,尤以低纬度地

用 GISS 模型考虑 CO_2 直接效应的 CO_2 倍增影响模拟

用 GFDL 模型考虑 CO_2 直接效应的 CO_2 倍增影响模拟

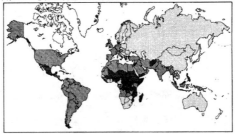

用 UKMO 模型考虑 CO_2 直接效应的 CO_2 倍增影响模拟

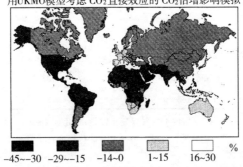

图 3.7 考虑了 CO_2 直接效应的 GISS、GFDL 和 UKMO 气候变化
情景下平均粮食产量估算的变化
(包括小麦、水稻、粗粮和其他蛋白类粮食)(Rosenzweig 等,1993)

UKMO 模型 CO$_2$ 倍增模拟 　　　考虑 CO$_2$ 直接效应

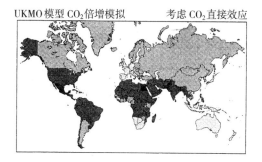

UKMO 模型 CO$_2$ 倍增模拟 考虑 CO$_2$ 直接效应并采取第一种适应措施

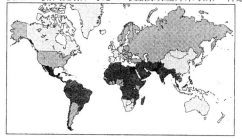

UKMO 模型 CO$_2$ 倍增模拟 考虑 CO$_2$ 直接效应并采取第二种适应措施

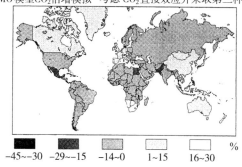

-45~-30　　-29~-15　　-14~0　　1~15　　16~30 %

图 3.8　考虑了 CO$_2$ 直接效应的 UKMO 气候变化情景下采取两种不同
适应对策的平均粮食产量估算的变化
(包括小麦、水稻、粗粮和其他蛋白类粮食)(Rosenzweig 等,1993)

区为明显,即使采取了某些适应措施,其亚热带和水分欠缺的干旱地区仍将减产。此外,发展中国家的适应能力较发达国家为弱,因而所受影响也将比发达国家要大,在一定程度上,显得更为脆弱。就作物品种而言,这一减产趋势尤以玉米和水稻为明显。小麦因现时大都种植在中高纬度气候温凉地区,因而在考虑(估算)CO_2直接效应情况下,将从气候变暖中受益增产(见表 3.11)。

表 3.11　全球小麦、水稻、玉米和大豆模拟产量的变化

(Rosenzweig 等,1993)

作物	模拟产量的变化					
	GISS[1](%)	GFDL[1](%)	UKMO[1](%)	GISS[2](%)	GFDL[2](%)	UKMO[2](%)
小麦	−16	−22	−33	11	4	−13
水稻	−24	−25	−25	−2	−4	−5
玉米	−20	−26	−31	−15	−18	−24
大豆	−19	−25	−57	16	5	−33

注:上角标 1 表示 CO_2 倍增下的气候变化情景;上角标 2 表示 CO_2 倍增并估算了 CO_2 直接效应的气候变化情景。

　　值得指出的是,该研究中有关中国地区的模拟结果颇令人意外。同处中纬度地区的中国地区,其模拟影响却明显地不同于世界其他中纬度地区各国,甚至呈相反的趋势。若再考虑中国是一个发展中国家,对气候变化的适应能力与发达国家相比比较弱,则该研究中有关中国地区的分析模拟结果,其科学不确定性更显突出,尤其是其模拟模式的适用性、参数化方案以及估算程序等有必要根据当地实况作进一步修改调整、模拟试验和分析讨论。

对中国主产作物(稻、麦、玉米等)产量影响的模拟

　　近年来,国内也开展了相应的将作物模型与 GCM 模型相联接的气候变暖影响模拟试验与产量估算分析,取得了有意义的初步结果,现就我国 3 大主要粮食作物(水稻、小麦和玉米)的模拟结果简述如下。

水稻

应用国际水稻研究所和瓦赫宁根农业大学理论生产生态系共同研制的,并经过中国水稻的试验检查与修正,适用于移栽和灌溉水稻生产的模拟模式 ORY2A1,与上述三种 GCM 模式模拟的气候情景相联接,在不考虑水分影响下,各季水稻产量呈现出不同幅度的减产。其中早稻减产幅度较小,晚稻和单季稻减产幅度较大。若以 3 种 GCM 模式模拟的结果平均,则早稻的减产幅度在 1%～6%之间,平均为 3.7%;晚稻的减产幅度在 8%～13%,平均为 10.4%;单季稻的减产幅度在 8%～14%,平均为 10.5%(表 3.12)。从空间分布来看,产量变化也呈现有一定的规律性。对单季稻而言,在华北中北部产量下降最大(约 17%),黄河下游和西北地区下降较少(10%～15%之间),而江淮地区和四川盆地产量下降最少(约 6%～10%);对早稻来说,长江以南的南方稻区中部产量下降较少(2%以下),但其周边地区,特别是西部地区,产量下降较多(大多在 2%～5%之间);对晚稻来说,上述南方稻区的西北部产量下降较多(10%～15%之间),而其东南部产量下降较少(约 7%～10%)(Wang,2001;Wang 等,1997)。

小麦

与水稻模拟研究相类似,利用经中国小麦试验检验和修正的 CERES-小麦模型。模拟计算了上述 3 种气候变化情景(及其合成平均情景)下我国小麦产量的可能变化。结果如表 3.12 所示,春小麦平均将减产 17%～32%,冬小麦平均将减产约 5%,即对春小麦产量的影响大于冬小麦;就灌溉小麦和雨养小麦而言,对灌溉小麦的影响小于雨养小麦,也就是说灌溉能减小气候变化对小麦产量的不利影响。但对水资源比较缺乏的北方麦区,在大田生产中进行大规模灌溉是十分困难的,也是难以持续为继的,所以适当改变种植方式,选育抗旱、耐高温的品种等也许是更为合理有效的对策(张宇等,2000;Wang,2001)。

玉米

玉米模式使用的是 CERES-玉米模型,同样先经过适用性检验和必要的模式修正,再对代表全国主要玉米种植区的 40 个点进行模拟计算得出气候变化的可能影响,如表 3.12。由表可见,春玉米平均将减产 2%～7%,夏玉米将减产 5%～7%;灌溉玉米减产 2%～6%,略小于无灌溉玉米的减产量约 7%。总体来说,气候变化对我国玉米生产的影响是弊大于利,将使我国玉米总产量平均减产 3%～6%,同样也是灌溉条件下的减产的幅度较无灌溉的要小(Wang,2001;Wang 和 Lin,1996)。

表 3.12 GFDL、MPI 和 UKMO-H 模拟 2050 年气候变化情景下

模拟产量的可能变化(Wang,2001)   单位:%

作物种类	雨养冬小麦	灌溉冬小麦	雨养春小麦	灌溉春小麦	早稻
范围	−0.2～ −23.3	−1.6～ −2.5	−19.8～ −54.9	−7.2～ −29.0	−1.9～ −5.2
平均	−7.7	−2.0	−31.4	−17.7	−3.7

作物种类	晚稻	单季稻	雨养春玉米	灌溉春玉米	雨养夏玉米	灌溉夏玉米
范围	−8.8～ −12.9	−8.0～ −13.7	−19.4～ +5.3	−8.6～ +3.6	−11.6～ −0.7	−11.6～ +0.7
平均	−10.4	−10.5	−7.0	−2.5	−6.1	−5.5

总之,根据上述 3 种 GCM 模式模拟 2050 年气候变化情景下的模拟测算,我国三大主粮作物主产区热量资源将趋于丰富,但降水增加不多。若仍维持目前的种植方式、作物品种和生产措施,不但不能充分利用气候变暖带来的更丰富的热量资源的有利影响,而且很可能还会导致不同程度的减产。上述估算表明,到 2050 年,我国 3 大主粮作物将平均减产 5%～10%(Wang,2001)。究其原因主要是温度升高,作物发育速率加快,导致生育期缩短,来不及累积光合同化产物形成产量;同时,降水相对增加较少,不相匹配,水分胁迫将加重;而生育期间的高温热害频率也有可能增加,这些均将产生相应的负面影响。

　　综合以上国内外各方面研究,不难看出,其总的影响是:在寒冷的高纬度地区,包括海拔较高的寒冷山区,气候变暖将有利于作物增产和农业生产的持续发展;但在水分有限或土壤水分因气候变暖变干而减少的地区,增产效果就不那么明显,甚至有可能减产。在低纬度地区,气候变暖将如何影响作物产量,与降水是否相应增多,土壤中有效水分是否减少,作物生长发育速率将加快多大,作物生育进程将缩短多少,以及高温热害的频发程度等众多因素密切相关。若不采取有效的适应对策措施,气候变暖对农业生产的不利影响很可能起主导作用,导致减产。

　　还应该指出的是,由于对气候变化(暖)本身的认识还有许多不确定性,因而在研究其对作物生产的影响中也有很多不确定因素。虽然在上述不少影响模拟研究中,将多种 GCM 模式与作物模式相联接,并进行了多年的(即较大随机样本的)数值模拟试验,在某种程度上,相对平滑了某些不确定因素的影响,反映出气候变化(暖)对未来作物生产可能影响的平均趋向,为气候变化影响的评价和对策研究提供了一些启示和参考。但由于气候变化模拟的不确定性和模式的局限性,不少作物模式中没有考虑 CO_2 对作物的直接影响,也没考虑气象灾害和病虫草害对作物生产的可能影响,因此还应做更为深入的模拟研究去补充、完善和修正。

对牧区草场和畜牧业的影响

　　我国是一个草原(地)资源大国,有各种类型草原(地)近 4.0 亿 km^2,仅少于澳大利亚,居世界第二位。我国的天然草原辽阔连片,从东北经内蒙古直达黄土高原,呈连续性带状分布,是欧亚大草原的一部分。主要分布在年降水量 400 mm 等值线以西的半干旱、干旱的西北地区,北起 51°N 南达 35°N。此外,还见于生态环境独特的青藏高原、新疆阿尔泰山前地区以及荒漠区的山地。按草原的建群种区分,有草甸草原、干草原(又称典型草原)、荒漠草原和高寒草原等 4 大类型,可利用面积约 2.87 亿 km²,是我国以牧为主的最重要的畜牧业基地。

草原类型与气候

如前所述,草原植被的形成与发展是在长期的历史过程中各种自然和非自然因素相互作用的结果,其中气候条件起着决定性的作用。我国温带牧区从东到西热量逐渐增多,水分逐渐减少;与气候地带性分布相对应,东部形成温冷、温凉湿润、半湿润草甸草原,适合发展牛、马等大畜;往南往西,随着凉冷程度减轻,干旱明显,形成温凉干旱、半干旱的干草原(又称典型草原),适合西毛羊的发展;继之向西进入温暖干旱的荒漠草原,直至温热极干旱的典型荒漠区,主要牧养山羊、羔皮羊和骆驼等。与温带牧区不同,青藏高寒牧区地处高海拔,导致高寒、缺氧和强烈的紫外线辐射。草原和畜牧业也随之而异:与高寒湿润气候相对应的是高寒草甸草原,以牦牛为主;与高寒半干旱气候对应的是高寒干草原,以藏绵羊为主;而与高寒干旱极干旱气候对应的是高寒荒漠草原,以藏山羊为主。新疆和甘肃西部的山地,自下而上气候从干热变化到湿凉也相应地出现山地荒漠、山地草原和山地草甸等不同类型的草场。此外,中国东南部的草地分布在湿润、半湿润的山地丘陵,俗称草山草坡,草场资源分散,与耕地、林地交错分布。从天然草原资源的数量分布来看,西部牧区(包括内蒙古、宁、甘、新、藏、青和川西)共有天然草原2.88亿hm²,占全国草原资源的73.34%,其中蒙—新牧区(包括内蒙古、宁、甘、新)1.55亿hm²,占西部牧区的53.78%,青藏高寒牧区(藏、青、川西)有1.33亿hm²,占西部牧区的46.22%。东部农区有草场约1.12亿hm²,占草原总资源的26.66%(中国农业科学院,1999;中国畜牧气候区划科研协作组,1988)。

我国地域辽阔,气候多样,在长期的历史过程中,形成了多种类型的天然草原草场。这些草场具有不同的牧草种群结构、形态特征和经济性状。尤其是生产性能与水热状况密切相关,造成各类草场的产草能力相差较大（表 3.13）。

表 3.13　不同草原地带的草群变化
（畜牧气象文集编委会，1991）

草原地带	草群盖度（％）	草层高度（cm）	鲜草产量（kg·hm^{-2}）	草群组成			
				禾本科	豆科	杂类草	灌木及半灌木
森林草原*	65~80	50~60	3000~4500	13.6	5.3	81.1	—
干草原	35~45	30~40	1500~3000	67.9	1.1	21.2	8.8
荒漠草原**	15~25	10~25	750~1500	31.8	—	12.4	55.8
荒漠**	<10	3~10	300~750	1.0	—	2.0	97.0

　*森林草原十分近似于草甸草原，属同一类型草原；**荒漠草原与荒漠，在简化分析中常归类为荒漠草原。

　　据中国牧区畜牧气候区划科研协作组的相关科研资料，为便于阐述，可简略地归纳为以下 3 大类型（中国农业科学院，1999；中国畜牧气候区划科研协作组，1988）：

　　温凉-寒冷湿润、半湿润草甸草场：这类草场主要分布在我国北部和西部牧区，海拔 1000 m 以下（青藏高原和新疆天山可达 3500 m）。牧草生长季较短，夏季温度较高，年降水量多在 350~450 mm。以禾本科喜凉牧草为建群种，杂类草较多，豆科牧草占有一定比重，平均草层高度 40~80 cm，覆盖度 70％左右，鲜草产量 3750~7500 kg·hm^{-2}，干草产量≥2000 kg·hm^{-2}，是产草量最高的一类天然草场。青藏高原牧区的此类草场，年降水量 350~700 mm，夏季温度不高，牧草生长期较长。以莎草科和禾本科的喜凉牧草为主，杂类草和豆科牧草比较少，平均草层 20~60 cm，覆盖度可达 60％~70％，鲜草产量一般在 2250 kg·hm^{-2}以上。由于牧草生长缓慢，割草条件不如北部和西部牧区同类草场好，故产草量低，干草产量仅 1000 kg·hm^{-2}；但光能资源丰富，牧草品质较前者要好，即粗纤维含量较低，粗蛋白、粗脂肪和无氮浸出物含量较高。

　　温凉-寒冷半干旱草原草场：半干旱草原是草甸草场和荒漠草场间的过渡类草场，又称干草原或典型草原草场。这类草场在我国北部和西部牧区主要分布在年降水量 250～450 mm 的半干旱地区。与草甸草场相比,寒冷程度减轻,干旱程度增加;牧草生长季比草甸草场要长 30～40 天。青藏高寒牧区此类草场牧草生长季和越冬期虽与北部、西部牧区相差不大,但冬季最冷月平均气温高 3～9℃,夏季最热月平均气温低 5～6℃。由于环境气候的差异,北部和西部牧区草原草场以大针茅、短花针茅、羊茅、羊草等为优势牧草;而青藏高寒牧区此类草场以针茅、紫花针茅、早熟禾、苔草,西藏蒿等牧草为主。草层高度和覆盖度均较前者(30～60 cm,约50%)为低,约 20～60 cm 和 40%～60%;北部和西部牧区此类草场的鲜草产量可达 2250～4500 kg·hm⁻²,干草产量可达 750～2000 kg·hm⁻²,而青藏高寒牧区草原草场相应的分别为 750～3000 kg·hm⁻²和 1000 kg·hm⁻²以下。但青藏高原光照好,有利于高能物质的积累,故牧草的品质普遍要好于北部和西部牧区。总的看,与草甸草场相比,草原草场的热量条件好,但水分不足,虽然牧草生长季较长,但比较干旱,草场的产草量不及草甸草场高。

温暖-严寒干旱极干旱的半荒漠荒漠草原草场:这类草场水分条件更差,处于干旱和极干旱地带,年降水量小于 150～250 mm。主要分布在内蒙古高原中西部及其以西的河西走廊、祁连山西段、塔里木盆地、准噶尔盆地和柴达木盆地中西部及青藏高原的极干旱荒漠地带。草场牧草有更强的耐旱性,以旱生、超旱生、沙生和盐生为主,如沙生针茅、戈壁针茅、芨芨草、沙蒿、红砂等为主,鲜草产量少的不足 500 kg·hm⁻²,多的可达 1500 kg·hm⁻²;打草条件差,干草产量很低。但在半荒漠草场,其牧草的粗蛋白质和粗纤维含量少于上述典型草原牧场,而粗脂肪含量增加。且青藏高寒牧区半荒漠草场牧草的适口性也较好。

显然,上述 3 类草场其载畜能力有很大的差异,尤其是受其产草量与年降水量多少密切相关的影响。以北部和西部牧区草场为例,年降水量 500 mm,产鲜草 3000～4500 kg·hm⁻²的草甸草场,需 0.67～0.8 hm² 养 1 只羊;年降水量 250～300 mm,产鲜草

$1500\sim3000$ kg•hm^{-2}的干草原,需 $1.33\sim1.67$ hm^{2}养 1 只羊;年降水量为 100 mm,产鲜草 750 kg•hm^{-2}的荒漠草原,需 $2.67\sim3.00$ hm^{2}养 1 只羊。高寒地区相应地需要更多的草场才能牧养 1 只羊(霍治国等,1995)。

对草场产草量和载畜量的可能影响

我国牧区主要分布在东北、华北、西北地区及青藏高原区。到目前为止,各种 GCM 模式模拟的未来气候变化情景比较一致的是全球气候将明显趋于变暖,降水也将有所增加,但增加幅度不大,有可能不能抵消因温度升高而增加的蒸发消耗量,从而造成出现土壤变干的趋势。当然,各 GCM 模式的模拟结果彼此间不尽一致,尤其是降水量模拟的波动幅度更大,说明这些模拟科学上还存在许多不确定性。但即使如此,由于牧区草场的形成、牧草的生长发育及其产草能力在很大程度上受制于气候环境的水热条件,因此未来气候变化暖干化的趋向,有可能会对我国主要牧区的产草能力产生明显的影响。据研究,历史上每一个暖湿气候期都伴随着畜牧业的大发展,而每一个干冷气候期则对畜牧业生产产生极为不利的影响。

由于北方牧区的气候将变得更加暖干,因此各半干旱-干旱区的典型草原将会向半湿润、湿润区推进,即目前的各类草原界限将会东移。对青藏高原、天山、祁连山等高山(原)草场来说,如果温度升高,各类草原的界限也会相应上移。山地温度垂直递减率为 $0.5\sim0.8$℃•(100m)$^{-1}$,若按温度上升 3℃计算,各类草原界限相应就会上移 $300\sim600$ m;加之冰雪融化,这对牧业生产有积极意义。

在未来温度升高、降水量不增加或增加不多的气候变化情景下,各类草场的水分限制区域会向东北扩大,而温度限制区域则相应缩小。只有当降水的增加能够补偿温度效应(即蒸发量的增加)时,这一区域才会保持相对稳定。

由表 3.14 看出,对于东北的寒冷牧区和青藏高寒牧区来说,水分供应相对充足,温度是草场生产力的限制因子。温度升高可延长牧草生长期,增加生长季积温,提高光合作用效率,从而提高草场的生产力,这对寒冷牧区牧业生产的发展显然是有利的。但对广大的半干旱和干旱牧区来说,水分是牧草生长发育的限制因子。温度升高对牧草生长的作用并不明显;且在水分严重不足的地区,温度升高会加剧蒸发,使土壤变干反而更加重了对牧草生长需水的胁迫,不利于牧草的正常生长。但这些地区降水的少量增加,也会对提高草场的生产力有比较明显的作用。

表 3.14　几种气候变化情景下我国牧区几种典型草原草场的生产力*变化(樊锦沼等,1993)　　　　单位:kg·hm^{-2}

草原类型	代表站	$T=T_0^{**}$ $R=R_0^{**}$ 生产力	$T=T_0+3℃$ $R=R_0$ 生产力	增量	增加(%)	$T=T_0+3℃$ $R=R_0+50$ mm 生产力	增量	增加(%)	$T=T_0+3℃$ $R=R_0+100$mm 生产力	增量	增加(%)
草甸草原	海拉尔	3870	4575	705	18.2	5145	1275	32.9	5145	1275	32.9
	昭　苏	7245	7590	345	4.8	8205	960	13.3	8798	1553	21.4
干草原	肃　南	3300	3300	0	0	3960	660	20.0	4590	1290	39.1
	固　原	7275	7275	0	0	7913	638	8.8	8531	1256	17.3
荒漠草原	海流图	3900	3900	0	0	4764	864	22.2	5583	1683	43.2
	莎　车	1095	1095	0	0	2355	1260	115.1	3573	2478	226.0

　　*生产力是按 Miami 模型计算的;** T_0、R_0 分别为目前的年平均气温和年降水量,下同。

　　不言而喻,草场生产力的提高将使草场的载畜量增加,从而间接地促进了牧区牧业生产的发展。表 3.15 是根据表 3.14 的结果,估算的未来气候变化情景下各类草场载畜量的可能变化。其计算标准为每一标准羊单位 1 天约需干草 1.5 kg。由表 3.15 可见,在温度升高,降水增加的情况下,草场载畜量均将随牧草生产力的提高而提高,特别是荒漠草原草场有随降水的增加而明显提高的趋势。

表 3.15　几种气候变化情景下不同类型草场载畜量的变化

(樊锦沼等,1993)　　　　　单位:kg·hm^{-2}

草原类型	代表站	$T=T_0$ $R=R_0$	$T=T_0+3℃$ $R=R_0$			$T=T_0+3℃$ $R=R_0+50$ mm			$T=T_0+3℃$ $R=R_0+100$ mm		
		载畜量	载畜量	增量	增加(%)	载畜量	增量	增加(%)	载畜量	增量	增加(%)
草甸草原	海拉尔	7.1	8.4	1.3	18.2	9.4	2.3	32.9	9.4	2.3	32.9
	昭　苏	13.2	13.9	0.7	4.8	15.0	1.8	13.3	16.1	2.9	22.0
干草原	肃　南	6.0	6.0	0	0	7.2	1.2	20.0	8.4	2.4	40.0
	固　原	13.3	13.0	0	0	14.5	1.2	8.8	15.6	2.3	17.3
荒漠草原	海流图	7.1	7.1	0	0	8.7	1.6	22.5	10.2	3.1	43.7
	莎　车	2.0	2.0	0	0	4.3	2.3	115.0	6.5	4.5	225.0

对畜种分布和畜产品的可能影响

受气候变化直接影响和草场生产力变化间接影响的双重作用,各种家畜的分布界限将会东移。适于暖干气候的山羊、骆驼的分布区域可能扩大,而以马、牛为主的分布区将向东退缩。在青藏高原区,由于雪线的上升,牦牛和藏绵羊的放牧区将会上移扩大。某些优良家畜,由于其对气候要求的严格性和反应的敏感性,分布区域比较狭小,未来气候变化对其可能产生较大影响,如表 3.16所示。滩羊和白绒山羊有喜高温低湿的特性,其分布区将有可能随气候变暖变干而北移扩大,这时发展这类优势畜牧显得比较有利。此外,由于我国牧区主要地处温带或寒温带及青藏高寒区,因此,未来气候变暖可能带来的夏季高温胁迫对大部分农畜来说并不突出;但对我国西北一些半荒漠和荒漠牧区来说,30℃以上的高温可能更为频发,进而造成对这些地区家畜的热(高温)胁迫加剧将不容忽视。

一般来说,寒冷地区的家畜与温暖地区相比体格大,产肉多,脂肪含量高。为适应未来气候变暖,这些地区的家畜个体体格有可能趋于变小,产肉量减少,但瘦肉率提高。但由于温度和降水都增加,草场产草量也提高,环境气候更有利于家畜的生长(即更接近于家畜生长所需的适宜温湿条件),因此单位面积(草场)上群体产肉量将会增加。

表 3.16　滩羊、白绒山羊分布区的气候条件

(樊锦沼等,1993)

畜　种	区　域	年总辐射量 (亿 J·m^{-2})	年平均气温 (℃)	年降水量 (mm)
滩　羊	分布区	58.6~63.2	6.8~8.2	198.7~399.6
	集中区	59.4~61.6	7.3~8.1	230.2~376.7
白绒山羊	分布区	62.8~68.5	4~9	100~250
	集中区	65.3~67.2	6~8	100~200

对绒毛、裘皮生产来说,优质的绒毛和裘皮一般都产于干热的温带荒漠地区。未来气候变暖变干将有利于巩固和扩大优质绒毛、裘皮生产基地。但由于我国许多优良的细毛羊品种,都是在北方寒冷的气候条件下培育的,因此气候变暖将使这些品种家畜个体的产毛量下降。

另据研究(樊锦沼等,1993),我国牧区奶牛产乳的适宜温度为4~24℃,最有利的温度是 10℃,超出这个范围都会使产乳量下降。据观测,温度超过 25℃和相对湿度大于 80%的高温高湿天气会使黑白花奶牛的产乳量下降 15%~30%。此外,牛奶的乳脂含量也随温度升高而下降。因此,未来气候变暖,一方面将有利于冬季奶牛产奶量的提高,但另一方面却会因夏季温度过高而造成产奶量及其品质(乳脂含量)的下降。

第四章

农业生产的气候脆弱性评估

大气中温室气体含量增加引起全球变暖将会导致诸如海平面上升、水资源短缺、农业生产的脆弱性增加等一系列问题。在全球温室气体减排协议没有实施之前,发展中国家必须考虑本国的自然生态系统(包括农业生态系统)对气候变化影响的脆弱性问题。在了解气候变化对这些系统潜在影响的基础上,确定采取什么样的适应对策和措施将有利于减缓气候变化的不利影响,以积极主动的方式应对气候变化的潜在影响,而不能干等减排协议执行之日的到来。所以脆弱性研究,尤其是农业生产的气候脆弱性研究意义重大。脆弱性研究的最终目的是为国家宏观调控农业可持续发展,保障人民食品的安全供给和生活水平的不断提高;同时也可为国民经济发展的规划决策,尤其是为当前国家西部大开发中安排生态环境建设和农业投资的重点以及粮食贸易和安全等提供背景资料和科学参考。本章试图以陕甘宁黄土高原区的农业生产气候脆弱性评估为例,对这一问题作一简要评述,以期阐明它是气候变化对农业生态影响评估中的另一重要组成部分。

农业生产的气候脆弱性

根据 IPCC 有关脆弱性的定义(IPCC,1995,1997,2001)和已有研究成果(蔡运龙、Smit,1996;刘文泉,2002;刘文泉、王馥棠,2002;王馥棠、刘文泉,2003;赵跃龙、张玲娟,1998;Lin,1996),农业生产的气候脆弱性问题,即气候变化对农业生产的可能影响及农业生产对气候变化的可能响应问题,主要关心的是农业生产过程对各种气候因素变化反应的敏感性以及当地社会经济、环境和农业生产条件对气候变化的适应程度。也就是说,农业生产的气候脆弱性是指某地区农业生产过程对各气候敏感因素变化的可能反应,以及当地社会经济-生产-生态环境对气候变化可能适应的综合响应程度的评估。

在 IPCC 第二工作组的第三次评估报告《气候变化 2001:影响、适应能力和脆弱性·决策者概要》中分别给出了气候变化的敏感性、适应性和脆弱性定义,即:敏感性是指系统受与气候有关的刺激因素影响的程度,包括不利和有利影响。这里所描述的与气候有关的刺激因素指所有的气候变化因素,包括平均气候状况、气候变率和极端事件的频率和强度。影响也许是直接的(如由于平均温度、温度范围或温度变率的变化而造成作物产量的变化)或间接的(由于海平面上升造成沿海地带洪水频率增加引起的灾害)。适应性是指系统适应气候变化(包括气候变率和极端气候事件等)、减轻潜在损失、利用机会或对付气候变化后果的能力。脆弱性是指系统容易遭受和有没有能力对付气候变化(包括气候变率和极端气候事件)影响(主要是不利影响)的程度。脆弱性是系统内的气候变率特征、幅度和变化速率及其敏感性和适应性的函数。

从粮食安全的角度考虑,联合国粮农组织(FAO)在其出版的《2001 年世界粮食不安全状况》报告中指出,脆弱性(该报告称为易受害性)是指人们处于粮食不安全的各种风险;个人、家庭或人群的脆弱程度取决于其遇到的风险因素及其应付或承受压力的能力(FAO,2000)。

由此可以看出,脆弱性问题的定义并不是确定不变的,而是随着研究目的和要求有所侧重,但是有一点没有变化,即脆弱性始终是一个相对的概念,并非一个绝对的概念。对某一地区的特定系统来说,脆弱性大是指其受到气候变化负面影响的可能性比其他地方相对要大,即更容易受到气候变化负面影响的侵害。这就是说,脆弱性问题更关心的是可能受到侵害的结果而非原因,所以更注重采取什么样的适应对策和措施以减缓或消除气候变化可能引起的潜在危害。

农业生产对气候变化的敏感性

农业生产与气候的关系非常密切,任何程度的气候变化都会给农业生产及其相关过程带来潜在的或显著的影响,同时由于农业生产与人类生存活动密切相关,所以在气候变化影响研究中,气候变化对农业及其相关过程的影响研究占了很重要的部分。已有很多研究结果表明,气候变化对农业生产的潜在影响是明显的和广泛的,主要集中在对农业种植熟制、植物光合作用、作物生长季长度、农业土壤以及农业生产力和作物产量等方面的影响。同时,气候变化对与农业相关领域的影响研究也颇受重视,主要集中在畜牧业生产、荒漠化和水土流失、病虫害和草害、冰川融化和海平面上升以及农业贸易、粮食安全等方面。所有的研究结果表明,农业生产的稳定发展受到气候变化的严重制约。像我国这样一个农业大国,尤其是我国西部很多地区基本上是以农业为主的地区,农业生产及国民经济的发展对气候变化是非常敏感的。据研究,气候变暖将使中国未来的种植熟制发生很大的变化,例如大部分二熟制地区被不同组合的三熟制所替代,最明显的是三熟制的北界将从目前的长江流域移至黄河流域(Wang,1997)。气候变化国别研究组的报告指出,气候变化会使中国农作物的平均生产力下降

5％～10％左右(林而达等,1997;王馥棠,1996;Wang,2001)。很多学者对 CO_2 倍增对不同农作物的影响研究表明,气候变化总体上将不利于我国的水稻生产,产量将下降;而小麦等作物产量总的趋势将增加,增产突出的地区是东北、华北和新疆,可能减产的地区是黄土高原、长江中下游和西北北部的春麦区;对玉米生产来说,总体上将比较有利,分布面积有可能增大,但对于西北干旱和半干旱地区,由于气候变暖,蒸发增强,播种面积有可能下降(林而达等,1997;王馥棠,1996)。这些研究普遍表明,我国的农业生产对气候变化可能影响的响应是很敏感的。许多气象科研工作者在自己长期的工作中虽已摸索出一些制约当地农业生产的气候因子,总结出了一些规律,但由于这些研究成果大多适用于当地情况,而难以推广到较大范围的其他地区,其科研成果的应用受到了一定的制约。所以寻找一定的指标组合来反映较大范围农业生产对气候变化的敏感性问题就成了气候变化影响研究中的关键性问题之一。

农业生产对气候变化的适应性

尽管近年来全球粮食总产量持续上升,但上升的速率有下降趋势。如果这种趋势持续下去,在未来几十年内将可能满足不了人口增长和社会发展而导致的不断增长的需求。结合生物物理和经济方面的分析,有专家认为气候变化对全球农业生产的影响将依赖于气候本身变化的强度、CO_2 富集对作物生产和水分利用潜在影响的认识以及适当的适应措施的可实现范围等。这些在很大程度上最终取决于实施适应措施的代价。在不考虑 CO_2 的直接效应的气候变化情景下,世界谷物产量预计将会下降11％～20％。相反,如果考虑 CO_2 的直接影响,这种下降趋势将会减缓或避免,世界谷物产量将下降1％～8％。然而世界粮食产量变化对气候变化的反应在发达国家和发展中国家是不相同的。据预测,发展中国家可能不会从现有水平的适应措施中受益,而可能产生－9％～

—12%的负面影响(Rosenzweig 和 Hillel,1998)。对我国这样一个发展中国家来说,一方面要争取在国际温室气体减排中坚持一定的原则,一方面要积极地采取一定的适应对策,预防气候变化带来的可能不利影响,趋利避害。

我国西部大部分地区是干旱、半干旱地区,环境压力很大。据报道,我国现有荒漠化土地近 2. 667 亿 hm^2,占国土陆地面积的1/4强,主要分布在北方 12 省区。而我国总人口已超过 12 亿,大多数分布在农村,且仍在继续增长,人均耕地资源将日趋紧张,导致农村人口未来的基本生存问题将变得越来越严重。如何在发展经济的同时,保证人民的基本生活水平的不断提高,保护生态环境,这就需要了解各地农业生产对气候变化可能影响的适应能力,以便决定选择什么样的适应对策,如何调整区域产业和农业生产结构,以能实现环境与经济相协调的可持续发展。这点对我国生态环境日趋恶化的西部地区来说,是一个十分紧迫的问题。农业生产对气候变化的适应性问题,就是说选取那些与经济、环境可持续发展有关的因子来恰当地评估各地农业生产对气候变化的应变适应能力,以便在制定并采取适应对策时能达到以最小的代价取得最大的减缓气候变化不利影响的效果。

农业生产气候脆弱性含义

脆弱性研究是一个非常复杂的问题,从区域农业生产系统对气候变化的脆弱性来说,有两点需要考虑:①农业生产过程尤其是粮食生产过程对气候变化的敏感性,主要表现在气候变化对作物生产和产量形成的潜在影响,特别是对那些自然条件比较恶劣的地区的潜在影响更为重要;②我国地域广阔,各地自然条件和社会经济条件差别很大,在制定长远规划时考虑如何应对未来气候变化的不利影响受到的限制也有很大差异。很明显,经济条件较好的地区在资金、技术上的投入就可能比经济条件较差的地区要多,因而受到潜在的负面影响也就可能比经济条件较差的地区会小一些。尤其是对国家和地方政府(如省区级)的决策者来说,了解未来气候变化对哪些地区、哪些行业以及在什么季节可能会产生不利影响,将有助于提早考虑适应对策,并在政策和投资上有所照顾和支持,以便将潜在损失减小到尽可能小的程度。

根据 IPCC 的最新报告(2001),脆弱性是指系统容易遭受和有没有能力应对气候变化(包括气候变率和极端气候事件)影响(主要是不利影响)的程度。该报告同时指出,脆弱性是系统内的气候变率的特征、幅度和变化速率及其敏感性和适应能力的函数。显然,一个对气候变化比较敏感而其适应性较差的系统,其脆弱性比较大,容易遭受气候变化的影响。我国地处东亚季风区,受气候变化潜在影响的区域和程度与世界同纬度其他国家相比更大更为显著,所以评价农业生产气候脆弱性的意义尤为重大。

我国以占世界不到 7% 的土地,养育着超过世界总人口 22% 的 10 多亿人口。不仅各种农业资源相对贫乏,主要农业资源的人均占有量远低于世界平均水平,其中,耕地、草地、林地仅分别为世界平均水平的 30%、40% 和 13.3%,而且各种资源的地区分布和季节分布也极不均匀。我国大陆主要处于中纬度地区,干旱、半干旱地区面积很大,严重地受到各种天气气候因素和气象灾害的制约,农业生产对未来气候变化比较敏感;加之,各地农业发展条件和发展水平差别很大,农业经济的市场化水平很低,因此面对气候变化潜在影响的压力很大。这就是说,一方面,我国的农业生产受到气候变化的影响较大,每年粮食生产受到自然灾害,尤其是气象灾害的危害比例很高;另一方面,由于我国很多地方经济不发达,对发展高效、优质、高产农业没有足够的投资,造成抵御风险的能力较差。因此,农业生产对气候变化的影响显得特别敏感特别脆弱。再加上我国加入 WTO 之后,相关的农业双边或多边协定将陆续生效,农业面对的压力更大,故开展农业生产气候脆弱性评价,尽快为农业生产结构调整、生态环境保护、粮食安全等问题的决策提供科学的背景参考依据,尤为必要。

目前气候脆弱性评价的主要方法有:定性评价、定性与定量相结合评价和综合模式评价等。国内有关脆弱性问题的评价研究起始于 20 世纪 90 年代,主要针对自然生态系统的脆弱性进行评价和分析(蔡运龙、Smit,1996;赵跃龙、张玲娟,1998)。定量评价农业生产的气候脆弱性问题,应包括两方面的内容,首先是分析特定区域内农业生产过程对气候变化响应敏感的各种因素,确定敏感性指标;其次是考虑当地社会经济、农业生产条件和生态环境条件适应未来气候变化不利影响的能力,确定适应性指标,然后再将上述两组指标组合成能综合评判该地农业生产气候脆弱性的量值指标,用以发现该地农业生产气候脆弱性的具体分布特征,并进而导出能相应地减缓气候脆弱性的对策和建议。

气候脆弱性的评估

气候脆弱性评估指标体系及其权重

如上所说,农业生产的气候脆弱性问题是与农业生产、气候变化以及社会经济发展等密切相关的,它不仅仅需要考虑农业生产对气候变化响应的敏感性问题,而且需要考虑社会经济、农业生产条件和生态环境状况对气候变化潜在影响的适应力问题。所以在确定脆弱性各类指标的选择和估算方法过程中,必须充分考虑两方面的因素,即既要考虑农业生产对气候变化反应敏感的各气候要素及其波动强度,也要考虑有哪些因素可以表示所研究地区(例如黄土高原地区)的具体社会经济、农业生产条件和生态环境状况对气候变化的适应力及其可能程度;同时还需要考虑未来的区域气候变化情景和该地区经济发展、环境治理等方面的发展状况,从有利于资料的易于收集和方法简单易行的原则出发,进行评估指标的选择及其权重赋值,并进一步完成该地区农业生产气候脆弱性的现状分析和趋势评估,向有关方面的决策者和最终用户们提供气候脆弱性的评估信息服务,以发挥更大的社会效益和经济效益。

如何建立农业生产气候脆弱性评估指标及赋值其权重？现以我国农业生产的典型脆弱区——黄土高原的陕甘宁区为例,简单阐述如下。首先,在参考已有相关研究成果基础上,根据该地区农业生产特点及其对气候变化反应的敏感性和保持农业生态系统稳定与可持续发展能力等原则,初步选取了能反映敏感性的气候、土壤地貌和生态环境以及适应性的社会经济、农业生产条件和环境治理等六类共 20 多个指标因子。再按照多指标评价体系的原则,采用数学分析和专家推荐相结合的办法,选取 9 个敏感性指标和 7 个适应性指标,并最终确定该地区的农业生产气候脆弱性评估指标体系及其权重赋值方案,如表 4.1 所示。

表 4.1　敏感性与适应性指标体系及其权重

(王馥棠、刘文泉,2003)

	气候敏感因子	权重	其他敏感因子	权重
敏感性因子	关键月份降水变率	0.2687	水土流失率	0.1027
	气象灾害成灾率	0.1563	森林覆盖率	0.0486
	干燥度	0.0301	陡坡地比例	0.2238
	暴雨日数	0.0540	侵蚀模数	0.0249
	关键生育期积温变化	0.0909		
	社会经济因子	权重	农业生产条件因子	权重
适应性因子	人均农民纯收入	0.1228	灌溉地比例	0.2619
	非农业社会总产值比重	0.3613	优等地比例	0.0999
	农业人口比例	0.0353	人均耕地	0.0382
	水土流失治理率	0.0806		

调查实况表明,上述指标体系能比较好地反映该地区农业生产对气候变化的敏感性,包括与气候相关的环境、地貌等因子引起的敏感性,以及有利于农业生产持续发展的对气候变化的适应性。

该研究区内各站的降水变率很大,气象灾害发生频繁,陡坡地耕种的比例和水土流失的土地比例很高,往往是造成农业生产波动的关键因素。从表 4.1 中可以看出,造成农业生产对气候变化比较敏感的因子主要是作物生长发育关键月份的降水变率和气象灾害的发生程度,同时也与当地的土地条件和水土流失状况密切相关,这一点得到了较好的体现。由于该地区各县市基本上以农业生产为主,农业生产的可持续发展,除了政策因素以外,主要与社会经济因素和农业生产条件有关,影响因素主要有工业发展状况、农民实际收入、水资源利用状况等,这些因素的配合对农业生产适应未来气候变化有着很重要的作用。表 4.1 中所选择的适应性因子也主要体现了这一点。

敏感性指标分级

如何确定敏感性指标中各指标的评判标准,是一个比较复杂的问题。由于各地自然状况、种植结构和作物生育期的不同,农业生产受气候要素变化影响的敏感时段不同,所以需要根据各地实际情况分别确定相关的敏感性指标评判标准。如邓振镛(1999)、刘安麟等(2000)统计得出的影响各地粮食生产的降水关键月份是很不相同的,如表 4.2 所示。

表 4.2　各地影响产量的降水关键月份

(刘文泉,2002)

陕　西	关键月份	甘　肃	关键月份	宁　夏	关键月份
关中东部	5～6 月	陇东	7～9 月	宁南山区	8～9 月
关中西部	8～9 月	陇南	3～5 月		
陕北北部	5～6 月	河东	上年 9～10 月	宁北灌区	5 月
陕北南部	6～8 月		当年 5～6 月		

表 4.2 说明,虽然降水对黄土高原的农业生产具有普遍的重要性,但对各地的关键影响时段是十分不同的。这也反映出各地农

业生产对气候变化的敏感时段是不相同的。此外,由于各地农作物生长发育阶段的不同,其对气候变化的敏感程度也是不相同的。所以各地应根据实际情况分别确定敏感性指标的分级评判标准。类似地也对其他指标一一进行分级。最终得出敏感性指标的分级评判标准如表 4.3 所示。

表 4.3　敏感性指标的等级划分

(刘文泉,2002;王馥棠、刘文泉,2003)

等级	关键月份降水变率(%)	气象灾害成灾率(%)	干燥度	暴雨日数(d)	积温变化(℃·d)	水土流失比例(%)	森林覆盖率(%)	≥15°坡地比例(%)	侵蚀模数(t·a⁻¹·km⁻²)
1	<10	<15	<1	<1	<50	<10	>70	<15	<500
2	10~20	15~30	1.0~1.5	1.0~3.0	50~100	10~35	70~30	15~30	500~2500
3	20~40	30~50	1.5~2.0	3.0~5.0	100~200	35~30	30~10	30~45	2500~8000
4	40~60	50~75	2.0~4.0	5.0~7.0	200~300	60~80	10~5	45~60	8000~15 000
5	>60	>75	>4.0	>7.0	>300	>80	<5	>60	>15 000

注:敏感等级最高为5,最低为1。

从表 4.3 中可以知道,各个指标的变化范围不同,农业生产的敏感性程度不同。有的因素变化范围越大,农业生产的敏感性程度越高,如降水变率大于 60%时,侵蚀模数大于 15 000 t·a⁻¹·km⁻²时,敏感等级最高;有的因素变化范围越小,敏感程度越大,如森林覆盖率小于 5%时,敏感等级最高。这与当地的实际情况以及相关文献的研究结果是相一致的。

适应性指标分级

同样,为确定各地农业生产对未来可能气候变化的适应能力,主要考虑了各地农业经济发展状况、农业生产条件以及地貌和环境状况,在参考现有科研成果的基础上(邓振镛,1999;方创林等,1999;郝晓辉,2000;刘安麟等,2000),为评估研究区内各地农业生产对气候变化的适应性划分了适应性指标的分级判别标准,具体分级方案见表 4.4。

表 4.4 中的指标分级标准均系根据当地实际状况归纳得出，对黄土高原来说具有一定的代表性，能反映当地农业生产对气候变化影响的适应性。如灌溉地比例和人均农民收入标准的确定，就是根据当地实际状况来划分分级标准的；农业人口比例的划分主要说明一个地方的农业人口比重过大，在当前的环境压力下其经济的发展将会受到很大的阻碍，而农业人口比例的减少又与地方非农业经济的发展密切相关。等级标准的划分主要是为了更好地反映现状，并为确定未来变化提供相应的基本标准。

表 4.4　适应性指标分级结果

(刘文泉，2002；王馥棠、刘文泉，2003)

等级	灌溉地比例（%）	优等地比例（%）	人均耕地（亩*/人）	人均农民纯收入（元/人）	非农业社会总产值比重（%）	农业人口比例（%）	水土流失治理率（%）
1	<5	<10	<0.5	<150	<5	>95	<5
2	5～15	10～20	0.5～1.0	150～300	5～20	70～95	5～10
3	15～30	20～40	1.0～1.5	300～700	20～40	50～70	10～15
4	30～50	40～60	1.5～2.5	700～1000	40～70	30～50	15～30
5	>50	>60	>2.5	>1000	>70	<30	>30

注：等级 5 表示适应能力程度最高，1 表示最低。

脆弱性估算与分级

为了综合评估研究区内各地农业生产的气候脆弱性，首先采用指标权重累加的方法，分别计算敏感性和适应性；然后综合考虑两方面的影响，按阶乘模型计算农业生产的气候脆弱性，并作归一化处理。计算出的各地农业生产气候脆弱性系无量纲值，再按一定标准划分为不同等级，如表 4.5 所示。

---

* 1 亩＝1/15 hm²，下同。

表 4.5 农业生产的气候脆弱性等级划分标准

(刘文泉,2002;王馥棠、刘文泉,2003)

气候脆弱性	0~20	20~40	40~60	60~80	80~100
等级	1	2	3	4	5
	最不脆弱	较不脆弱	中等脆弱	较为脆弱	最为脆弱

结合气候变化的现况及未来可能变化情景、农业经济发展和农业可持续发展以及生态环境保护等有关情况和未来发展规划,即可分析和评估研究区内各地农业生产的气候脆弱性现状及其未来可能变化,并可进一步讨论提出相应的适应对策和建议措施。

气候脆弱性现状分析

1990 年农业生产气候脆弱性分析

根据以上原则可以整理计算 130 个县市敏感性和适应性指标值,并计算气候脆弱性,归一化后根据表 4.5 标准分级,可分别确定相应县市的农业生产气候脆弱性等级以及整个陕甘宁黄土高原区的分布情况(见图 4.1)。

从图 4.1 可以看出,研究区内 1990 年农业生产对气候变化响应最为敏感的区域主要分布在陕北东部、关中东南部、陇东北部和宁南地区;适应性较好的地区主要是在陕西关中地区渭河流域、兰州市附近和宁夏引黄灌区等工农业比较发达的地区;较差的地区主要集中在陕北大部、陇东北部和宁夏南部。综合起来可以获知,气候脆弱性程度最高的地区主要分布在黄土高原中部黄土丘陵区和东部水土严重流失区。

图 4.1　1990 年农业生产气候脆弱性的等级分布

（王馥棠、刘文泉，2003）

1997 年农业生产气候脆弱性分析

同样，可以得到 1997 年研究区内 130 个县市的敏感性、适应性和脆弱性值及其相应的以等级来表示的气候脆弱性的区域分布情况（图 4.2）。

从图 4.2 来看，研究区内 1997 年农业生产对气候变化响应最为敏感的区域主要分布在陕西关中东部、陕北大部、陇东和陇中西部、宁南地区等。农业生产对气候变化影响响应的敏感性较高的县市有所增加，这说明 1997 年的气候条件更不利于农业生产。另一方面，适应性较好的地区仍主要分布在陕西关中地区渭河流域和兰州附近一带；宁夏引黄灌区的适应性有所下降，而榆林市及附近却有所提高；适应能力较差的地区主要集中在陕北部分、陇东、陇中大部和宁夏南部。综合

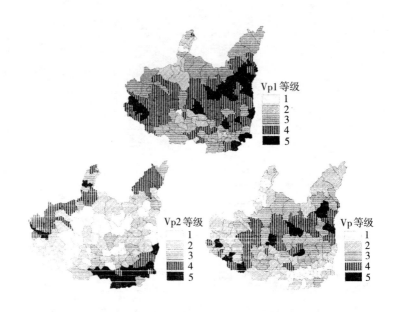

图 4.2　1997 年农业生产气候脆弱性的等级分布

(王馥棠、刘文泉,2003)

上述两方面的分析,不难发现气候脆弱性较高的地区主要分布在陕北中部、陇东、宁夏南部和陇中南部一带。

　　比较图 4.1 与图 4.2,可以看出:①研究区内 1997 年农业生产对气候变化最为脆弱的县市有 9 个,与 1990 年相同;而最不脆弱的县市有 22 个,比 1990 年增加了 4 个,这说明 1997 年的气候脆弱性有所减轻。②两年的共同点是,农业生产气候脆弱性较高的地区主要分布在陕北中部、陇东、宁夏南部和陇中南部一带,其原因主要是该地区的农业生产对气候变化的影响反应比较敏感,而社会经济发展比较缓慢又不利于提高适应防御能力,减轻气候变化的不利影响,最终成为研究区内较高的气候脆弱性地区。与有关的统计年鉴结果和研究成果对比,该结果和当地的农业生产现状分布基本一致。

未来气候变暖对气候脆弱性的可能影响

未来气候变化情景的设定

为了了解在未来气候变化情景下农业生产气候脆弱性的可能变化,这里利用了国家气候中心提供的 5 个最新 GCM 模式(CGCM、CSRIO、DKRZ、GFDL 和 HADLEY)的模拟结果(王馥棠、刘文泉,2003;徐影,2002)。根据 5 个模式平均的模拟结果,我国西北地区在未来 50 年内温度和降水均有增加的趋势,其中温度增加的幅度比全国平均大,降水增加的幅度与全国平均持平。表 4. 6a 与表 4. 6b 列出了西北地区未来 50 年温度和降水的季节变化。可以看出,温度和降水在春、冬季增加的幅度比夏、秋季大。这说明未来气候变暖可能对西北地区农作物的冬季越冬和春季生长有利。

表 4. 6a 2010～2050 年西北地区温度的季节变化

(王馥棠、刘文泉,2003;徐影,2002) 单位:C

	2010 年	2020 年	2030 年	2040 年	2050 年
春	1. 56	2. 07	2. 10	3. 23	3. 65
夏	1. 24	1. 64	1. 97	2. 67	3. 03
秋	1. 37	1. 81	2. 18	2. 88	3. 19
冬	1. 50	1. 75	2. 27	3. 06	3. 26
全年	1. 42	1. 82	2. 13	2. 96	3. 28

表 4. 6b 2010～2050 年西北地区降水的季节变化

单位:mm·d^{-1}

	2010 年	2020 年	2030 年	2040 年	2050 年
春	0. 17	0. 21	0. 21	0. 29	0. 30
夏	0. 00	− 0. 08	0. 03	0. 06	0. 13
秋	− 0. 02	0. 04	0. 04	0. 05	0. 06
冬	0. 02	0. 05	0. 08	0. 10	0. 12
全年	0. 04	0. 05	0. 09	0. 12	0. 15

基于 1997 年适应性情景的脆弱性可能变化

在以上设定的未来气候变化情景基础上,可以估算出有关敏感性指标的可能变化(图略)。为了解未来气候变化对农业生产的气候脆弱性的影响,要先假定以 1997 年的适应性情景为基础,便可分析脆弱性的可能变化,结果如图 4.3。

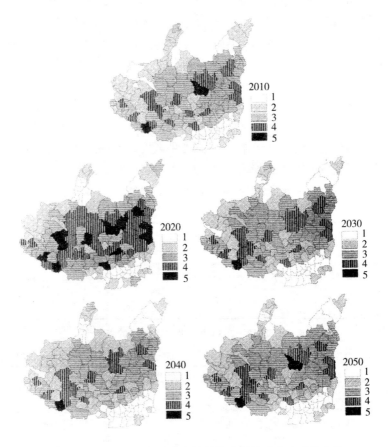

图 4.3 基于 1997 年适应性情景的脆弱性的未来可能变化

(王馥棠、刘文泉,2003)

从图4.3可以看出,在只考虑气候变化因素影响下,研究区内农业生产的气候脆弱性一直较高的地区集中在中部沿东北-西南向一线,其中2010～2020年脆弱性程度有增加趋势,其他年份变化不是很明显。显然,这既与未来气候变化本身的波动趋势有关,也反映出随社会经济发展而提升的适应性尚不能与脆弱性的变化相平衡,适应未来气候变化的能力还比较弱。

基于未来社会经济发展情景的脆弱性可能变化

为了检测环境治理和未来社会经济发展对脆弱性的影响,根据现行国家西部大开发政策和近期生态环境治理、退耕还林还草实施情况等资料(丁一汇、王守荣,2001;王馥棠、刘文泉,2003;中华人民共和国国家发展计划委员会,1994,1996),这里设定有关环境治理指标的可能变化如下:水土流失面积以每年1%递减,森林覆盖率以每年0.2%增加,需退耕还林还草的≥25°陡坡耕地比例按每年5%递减,土壤侵蚀模数按每年1%递减;其次还设定了一个简单的社会经济发展情景(表4.7),以便综合考虑敏感性和适应性指标的可能变化情况下研究区农业生产气候脆弱性的未来可能变化。具体估算结果绘成图4.4。

表4.7 各地社会经济发展、农业生产条件等适应性指标的未来可能变化情景设计(王馥棠、刘文泉,2003)

灌溉地比例	优等地比例	人均耕地	人均农民纯收入	非农业社会总产值比重	水土流失治理率	农业人口比例
逐年递增0.5%	逐年递增0.5%	按2000年人均耕地不变	逐年递增3%	到2050年,一般县市达60%,较发达县市达80%,重点城市达95%	到2030年100%完成治理	到2040年下降到1997年的50%

由图4.4可知,脆弱性随时间变化的总趋势是:2010～2020年呈略有增加的趋势,2030年后逐渐下降,高脆弱性的区域逐渐从研究区中部向中西部转移并呈缩小趋势。2010～2020年的增加

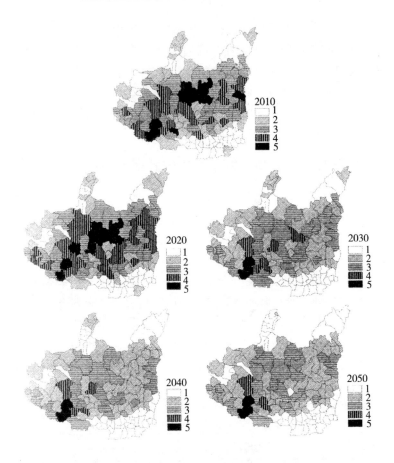

图 4.4 2010～2050 年气候脆弱性的可能变化

(王馥棠、刘文泉,2003)

趋势与同期农业生产对气候变化的敏感性较高有关;另一方面,也可能与相应的环境治理、社会经济发展还不足以有能力抵御较高敏感性的影响有关。此外,最为脆弱的县市主要集中在六盘山西部会宁—武山一带以及陕北中部、宁南和陇东部分县市。

综合以上两种模拟方案的结果,可以得出以下初步结论:在不考虑社会经济发展和环境治理情景下,农业生产的气候脆弱性主要受气候要素变化影响,2010～2020年有增强趋势;在一定的社会经济发展和环境治理措施下,未来脆弱性的变化在2010～2020年虽有增强趋势,但总体上脆弱性的变化逐渐减弱,高脆弱区向研究区西部转移。这说明东部水土流失区和中部黄土丘陵区农业生产的气候脆弱性在社会经济发展和实施一定的环境治理情景下会比西部地区更快地减弱,因而在这些区域增加投资,加大水土流失和环境治理力度,推广农业综合开发的潜力比西部大。研究区内西部地区由于自然环境恶劣,经济发展缓慢,加之受到西北部沙漠化和荒漠化的影响,近期内农业生产的气候脆弱性还会维持较高水平,很难降低,在以后的规划中应综合考虑有关对策,增强适应能力,抵御气候变化的可能不利影响。

对策建议与讨论

加强生态环境建设,降低农业生产对气候变化的敏感性

黄土高原地区的农业气候资源和土地资源丰富,曾是我国历史上重要的农业区,但是由于长期地过度开发,导致目前自然生态系统功能退化,环境恶化,不利于该地区的农业可持续发展。历史遗留下来的这种恶劣的生态环境,要经过一代一代人长期地持续奋斗,才有可能加以改观。1999年中央提出了西部大开发的规划构思,为黄土高原地区的农业可持续发展,改善生态环境,应对未来气候变化的可能不利影响带来了良好机遇。为此,要依法保护和合理利用土地、矿山、水、森林、草原和气候资源,提高资源综合利用力;加强生态环境保护和治理,加快重点治理工程建设,改善重点流域、区域、城市、海域的环境质量,有效地控制和降低污染物的排放;大力植树、种草,加强湿地的保护,建立环境保护和防灾减灾的保障体系。

就西部生态经济建设的目标和任务来说,当前比较一致的看

法是：在 2010 年基本控制住生态环境日益恶化的趋势，2030～2050 年进入生态与经济基本平衡发展的时期，2050 年以后进入生态与经济的良性循环期。为达到这一目标，西部的生态经济建设要经过生态重建和生态经济建设两个阶段。第一阶段，一方面要遏制住生态与经济交替恶化的恶性循环，大力恢复生态环境；另一方面，要建立生态系统与经济系统的良性联系，形成生态经济的基本产业结构。在第二阶段，要大力提高生态经济系统的运行效率，使西部生态和经济的良性循环创造很高的经济效益，带动西部经济高速高效地增长（丁一汇、王守荣，2001；郝晓辉，2000；李锦等，2001）。

如果在未来若干年内，生态脆弱地区的生态环境恶化趋势得到控制，西部地区迎来生态与经济发展的良性循环时期，将会创造一个良好的农业生产环境。生态环境的改善有利于农业生产条件的改善，而农业生产条件的改善将会有利于降低农业生产对气候变化的敏感性，有利于农业生产的可持续发展。

积极开展生态环境的有效治理，提高应对气候变化风险的能力

气候变化可能会引起现有气候资源分布格局的改变，并进而导致现有农业格局的变化与恶化。为了适应气候的波动和变化、大气成分的改变、陆地覆被和生态系统的演变等不利影响，应加强有关提高农作物对气候变化的适应性、抗御病虫害蔓延、治理农业环境污染以及调整农业结构等问题的研究。调整农业结构，必须坚持以市场需求为导向，从实际出发，发展特色农业、旱作农业和生态农业。具体来说，要大力引进农业新技术、新品种，改变传统的耕作方式，在有条件的地方大力发展经济作物、经济林果业，发展特色农业；要合理开发利用水资源，积极推广节水灌溉技术，减少大水漫灌，要使用优良抗旱抗病新品种，发展旱作农业；要改变土地利用方式，减少乃至停止坡耕地种植，把治理水土流失与提高土壤肥

力、提高土地生产潜力等结合起来,走生态农业和高效农业的道
路;争取在较短的时间内改造中低产田为高产田、优质田,进而提
高土地资源对气候变化和可能灾害的抗御能力。

此外,要增加对农业的科技投入,深化农业科技推广体制改
革,建立健全农业科技服务体系;加快农村税费改革,减轻农民负
担;大力发展农村第三产业和农产品加工业,增加农民收入。第三
产业的发展,有利于带动农村商品流通,但应建立相应健全的技术
保障体系,否则,农民个体的单打独斗只有遭到失败而影响农民的
积极性。2001 年欧盟在陕西订购 300 t"红粉女士"苹果,最后仅有
20 t 符合欧盟收购要求,丧失了一次极好的出口创汇机会,这正是
由于技术服务体系跟不上造成的。如果政府协调,适当引导,相应
的部门或公司积极提供技术保障服务,形成产业链,就能有效地提
高农民应对加入 WTO 后市场竞争的能力,也进而提高农民应对
气候变化风险的能力。

促进区域经济与环境保护的协调发展,走可持续发展之路

政府在制定政策和规划时应兼顾生态效益、社会效益和经济
效益,建立比较完善的综合协调机制,包括监督机制和评估机制,
保障农业生产与社会经济的可持续发展。

陕甘宁黄土高原区的矿产资源丰富,有许多大型煤田(包括中
国最大的露天煤矿——神府煤田)、天然气田,也有有色金属和金
矿等。长期的开采在很多地方形成了地下空洞,导致地下水位下降
(如陕西富平已由原来的十几米降到接近 70 m)和地面沉降(西
安、铜川等地地面沉降问题严重),给一些地区发展灌溉农业带来
了极大困难。另外,采掘、制造等产业的无序发展带来了很严重的
环境破坏以及水泥和石灰等粉尘污染,给某些地区的特色农业带
来了严重危害(如陕西耀县有一种红辣椒以前大量出口,后因检测
出水泥粉尘含量偏高,导致出口数量锐减)。特别是,该地区农民文

化程度普遍较低,不利于黄土高原地区的水土流失治理和农业综合开发,故应大力开展农业科技文化教育,提高农民素质,改变传统观念,降低人口增长率,并制定相应的移民政策,将不适于种植业且生态环境治理任务重的某些贫困山区人口迁移到条件稍好的地方。只有这样,才有利于各级政府和相关部门在制定发展规划和政策时,充分考虑地方特点,合理安排资源的有序开发,推动区域特色经济和生态环境保护的协调发展,走可持续发展道路。

重点区域发展对策的思考

对陕甘宁黄土高原这一特殊区域来说,发展生态农业和特色农业有很重要的意义,它必须与农业产业化相结合,成为农业与农村经济可持续发展的主导战略和模式(丁一汇、王守荣,2001;郝晓辉,2000;李锦等,2001),但必须因地制宜,区别对待。结合已有的研究成果和实际情况,各个地区的具体对策可简要归纳如下:

陕北地区:大力治理水土流失,退耕还林还草,发展高效农业,改造中低产田;针对大型矿产资源开发,做好开一片山,治理一片山,富裕一方人的综合开发方案。

宁夏北部:改造水利设施,提高灌溉效率,解决土壤盐渍化问题和封沙造林等;改善防护林种群结构,逐步优化生态群落,向自然演替过渡。

甘肃中部:推广集雨技术和节水灌溉技术、选育抗旱品种并适当移民,加强计划生育,防止人口过度膨胀带来对生态环境的压力。

宁夏南部和陇东北部:转变种植结构,搞好多种经营,发挥经济作物优势;培肥地力,提高产量;改善交通和能源利用条件。

秦岭北坡:主要应加强天然林保护;退耕还林,发展山地养殖业和经济林果业;利用区位优势发展旅游业和第三产业。

第五章

农业可持续发展的对策概要

气候变化农业影响评估
研究的不确定性

　　未来气候变化预测及其对农业影响评估研究的不确定性包括两大类，一是由于对造成变化和影响的各种物理和生物化学过程还缺乏比较完善的科学认识，称之为"科学"不确定性；二是由于对未来社会经济的发展趋势缺乏比较完善的认识，称之为"经济"不确定性（包括人口增长、国民总产值增长以及科技进步的贡献量等等），这两类不确定性因素虽特征规律均很不相同，但都会减弱预测评估研究的能力。

　　科学不确定性将随着对各种物理和生化机理过程认识的不断完善和深入，以及计算能力和资源的增加得以逐步减少，进而提高预测的可信度。相比之下，经济不确定性显得更难以认知。尽管科学的认识改善了，但目前要准确预测社会的人口增加、经济发展和科技进步的贡献量仍然是十分困难的。这正是

在以往这类研究中设定几种社会经济发展方案的原因所在(见表
5.1)。IPCC 1992 年的报告就是在选用 a 方案基础上研究拟定的
(Hulme 等,1992)。

表 5.1 IPCC(1992)6 种排放方案的基本前提假设

(Hulme 等,1992)

排放方案	a	b	c	d	e	f
人口增长	中等	中等	中—低	中—低	中	中—高
经济增长	中等	中等	低	低—中	高	中
资源有效利用	中等	中等	低	低	高	高
砍伐森林	中等	中等	中	慢	中	快
政策	现行的	建议的	现行的	乐观的	现行的	现行的

　　温室效应气候变暖对农业生态(产)影响评估研究的不确定性
也不例外,同样涉及到科学与经济两个方面的因素。植物(农作
物)或家畜将如何对温室气体的增加作出直接和间接的各种反应,
或者土壤湿度将如何响应气候变化等,是科学不确定性的例子。而
新品种的发展(培育和引进等)以及社会科技进步、农业投入的增
加等诸多经济不确定性将会减轻或加重气候变化对农业的影响。

气候变化预测的不确定性

　　就气候变化(暖)预测的不确定性来说,虽然 IPCC 的三次评
估报告中所有的 GCM 模式(约 80 个)的预测结果都显示,如果大
气中温室气体含量继续增加,全球年平均气温要升高,气候会变
暖;但是模拟计算也表明,没有 3 个或 3 个以上模式的变暖值是相
同的,且模式间的模拟变暖值相差较大,增温值最小为 1℃,最大
为 5.8℃。可见,由人类活动排放造成的温室效应对全球温度的影
响存在明显的不确定性。分析其原因,大致有以下几方面:
　　(1)缺乏对气候变化以及温室效应气候变暖机理过程的科学
认知。首先目前人们还很难明确区分自然气候变化与人类活动造

成的影响,究竟有多大一部分气候变化应归因于人类活动还很难确定。其次,在自然界的碳循环过程中,海洋无疑起有重要作用,它是大气 CO_2 的一个汇,但如何估算其汇强度以及陆面水文和生态过程的反馈作用,各模式模拟差别很大。此外,对大气中气溶胶作用的认识也很不完善。IPCC 报告指出,人类活动产生的大气气溶胶有使温度降低的冷却效应,可能抵消北半球过去数十年中温室气体增温作用的相当大一部分。但现在人们对气溶胶的辐射特征及对云的效应却缺乏认识,无法作比较精确的估算。类似的科学认知不足、缺乏和盲目不胜枚举,这里就不一一赘述了。

(2)GCM 气候模式的不完善。尽管气候模式在不断改进,但当前的气候模式所能模拟的气候状况与真实情况还有很大差距。模式中最大的缺陷之一是对云反馈作用的估算。据分析,变暖幅度的不确定性有一半是由它引起的(丁一汇等,2002)。模式对海洋和对流的处理很粗糙,也很少考虑生物生态的反馈和比较完善的生化过程。显然,模式对大气和海洋中的机理和反馈过程的任何简化处理都会对预测造成相应的误差,都是预测误差的一种来源。由于现阶段人们对气候系统和气候变化还缺乏比较深入的科学认知,在各种气候模式的研制中避免不了要采取一些简化的处理方法,设置一些简单的前提假设。毫无疑问,所有这些最终都会成为产生气候预测不确定性的众多缘由之一。

(3)未来社会经济发展不确定性的影响。未来社会经济发展对气候变化的影响,如前所述,主要是通过人类活动影响温室气体的排放情景来产生作用的。虽然已经制定了多种排放情景(如表 5.1 所示),但由于将来实际采取的排放情景的不同(不确定性),加之不少社会经济因素都会明显影响排放情景的选定,因此未来气候变化的幅度和途径也会明显不同。也就是说,这些将会从社会经济发展层面上影响气候预测的不确定性(精确性)。

如何改进气候变化的预测,减少其不确定性,人们十分关心并作了大量努力。主要途径有观测网的改进、预测方法的改进、排放情景的改进和对自然变化过程了解的改善(丁一汇等,2002)。

(1)改进气候观测网,包括站网的密度、观测资料的质量和时间序列长度等。气候变化研究要建立在有大量的、长时间的、大范围的和多变量的观测资料基础上。目前全球的气象仪器观测只有100年左右的资料,而海洋和生物圈等方面的观测资料更少更短;一些发展中国家和地区的观测资料很少;沙漠、苔原、山地等人烟稀少地区的观测资料更为稀少,如我国西部和青藏高原地区等。为此,需要建立综合的全球气候观测系统,加强对全球大气、海洋和生物圈的观测,建立全球资料交换系统,改善气候资料的国际交流和共享。

(2)改进气候预测方法。改善和提高现有各种模式的性能,解决包括初始化问题,时空尺度分辨率的提高问题,各种次空间尺度如云的变化和辐射、陆面-植被过程等的描述和计算问题,特别是对气候变化脆弱地区的变异的认识等。在发展全球气候系统模式中,更好地认识与气候变化有关的物理化学和生物过程,了解其与自然气候系统之间的有关特征,努力改进区域气候的预测能力。

(3)改进排放情景,研究和提出适合发展中国家的排放情景。如何估计未来人类活动的状态和情景是 IPCC 多年来的一个研究重点。从1900年到2000年3次报告中提出的排放方案看,不同排放情景下 CO_2 倍增的时间相差很大。发展中国家由于社会经济发展情景不同,有必要根据发展中国家的特殊要求,采取不同的排放情景。

(4)改进对自然和人类活动引起气候变化过程的了解。全球气候系统是由大气圈、水圈、岩石圈、冰冻圈和生物圈组成。全球气候系统内部和外部的大量因子影响着全球气候变化,因此全球和局地气候预测极其困难和复杂。改进对自然和人类活动引起气候变化过程的了解,需要提高对全球气候系统的认识,是对其机理过程、各圈之间的相互作用和反馈过程的了解,包括极端气候、异常气候和气候突变等的形成机理及其对社会经济影响与反馈、大气温室气体浓度与温度变化的关系以及长期气候变化背景等。

农业影响评估研究的不确定性

未来气候变化是否会严重地影响农业生产,甚至引起饥荒,是否会因此而需大幅度地削减温室气体的排放等,已经引起了人们的普遍关注和争论。之所以如此成为当前的热门话题之一,究其原因是,到目前为止所作的未来气候变化对农业的可能影响研究工作尚存在有很多不确定性,特别是对农业生态系统和农业生产影响的模拟还有很大的不确定性(丁一汇等,2002;Hulme 等,1992)。

(1)缺乏对快速气候变化下植被生态与气候对应相关关系的认知。如前所述,植被类型和农业种植制度的形成与空间分布与相应尺度的气候类型密切相关,这一对应平衡关系是在百年至千年的时间尺度上形成的。但是,目前的温室效应气候变化发生的时间尺度要短小得多,也就是说,历史时间尺度上形成的植被(农业)生态-气候关系的假设在当前气候迅速变化时就不可能成立,植被(农业)生态系统可能跟不上气候的快速变化以保持原有的近似的平衡,尤其是植被类型(农业生态系统)是由许多不同物种组成的综合体,而每一物种对环境气候的变化均会有自己不同的反应。

(2)对农业生态影响模拟的不完善。如前所述,大气中温室气体含量增加将对农作物生长和农业生产产生直接和间接两类影响。更为甚者,它还通过土壤、病虫害以及草害的分布与发生频率的变化影响到农作物的生长发育和农业生产。这方面的间接影响在目前各种生态模拟模式(系统)中考虑还很不充分。此外,气候变化对农业生产的影响还受制于社会经济生产系统对付"意外"波动的能力,包括是否采取适应对策和采取的具体技术措施,如更换新品种、改善水肥管理、变换耕作时间等等。显然,这也是造成影响模拟有很大不确定性的众多重要原因之一。

(3)气候变化预测的不确定性。上述所有对农业生态影响的模拟均建立在未来温室效应气候将如何变化的预测基础上。因此气候变化预测的精度和可信度对影响模拟来说具有第一重要性。目前各种 GCM 模式模拟的未来气候虽有比较一致的变暖趋向，而各模式的具体预测量值却相差很大。不言而喻，这给影响模拟带来了极大的困难，也是造成影响模拟不确定性的最重要原因之一。

尽管目前国外在陆地农业生态系统对全球气候变化的响应预测模拟研究方面取得了较大进展，但总体上仍处于发展和完善阶段，还仅试用于全球尺度的粗略模拟研究。特别是中国有季风气候特点和青藏高原，因此不能直接或简单地借用这些模型来模拟中国区域的可能变化。必须在借鉴基础上研制适用于中国区域特点的植被（农业）生态系统模拟模型。因此，为减少气候变化对植被（农业）生态影响评估预测模拟的不确定性，应特别加强以下几方面的研究（丁一汇等，2002；Hulme 等，1992）：

（1）改进与健全植被（农业）生态系统的观测站网，制定规范化的规测方法。大范围的大量观测资料的收集与积累、观测资料的可比性和长序列是研制模拟预测模式的基础，也是科学认知植被/农业生态系统与环境因子间的相互作用过程，以及验证检验模型及其参数的关键所在和基本途径。

（2）研制与开发综合的植被（农业）影响模型与模拟技术。要把气候变化对土壤、作物病虫害、草害及其他环境因素的影响以及适应对策和经济反应等都综合到植被（农业）影响模拟模型中。这种包括上述多重相互作用因素的综合影响模拟可改变目前对影响的平均估算，将能大大减少不同方法对特定地区或国家的影响估算的不确定性幅度。在动态模型中包括社会经济的调整措施和适应对策等的经济反应，才能了解农民是否可能适应未来的气候变化，其经济代价和收益又如何等等。

（3）研究气候变率的影响和区域模拟技术。除了评估"平均"气候变化对农业生产和市场变化的影响外，气候变率以及气候极端事件，包括严重的旱、涝、霜冻及高温、热浪等也会严重影响作物、家禽以及作物病虫害、草害和土壤过程等,而且很多过程是不可逆的。此外,还应把区域性特征的影响考虑到综合影响模拟中去,诸如东亚的季风气候和中国的青藏高原等,只有这样才有利于较准确地评估气候变化对农业(植被)的影响,有利于不确定性的减小。

农业可持续发展的基本对策

我国人口众多,人均资源相对短缺,又是一个发展中国家,农业生产在很大程度上仍然是"靠天吃饭"。因此发展农业,特别是要使我国的农业生产能与人口增长以及整个国民经济持续稳步地发展相适应,必须要有一个相对稳定且能较好地适应的农业生态环境。其中,气候环境和土壤环境是两个最为重要的组成部分。显然,相比之下,气候环境具有更大的不稳定性、瞬变性和广泛性(即覆盖的时空尺度大)。未来大气中二氧化碳浓度增大,经由温室效应而使气候变暖、变干或变湿后,农业生态环境将会发生一系列的相应变化,必将对农作物的生长发育以及农业生产的发展产生复杂多样的影响。因此关注研究这种影响,探讨能增强我国农业的适应应变能力的对策措施,以使我国农业生产不仅不受气候变暖的危害,相反还能从这种变化中受益,进而为我国农业今后的发展方向和结构布局的调整提供科学依据和可供选择的对策方案,保障我国农业能在二氧化碳浓度升高环境下继续获得可持续发展,具有十分重要的现实和历史意义。

大气中二氧化碳浓度增加导致的温室效应气候变暖是一个无国界的全球性问题。因此,在研究与处理上述气候变暖与发展农业生产的关系时,还必须考虑到问题的国际性。也就是说,一方面要积极参与与保护地球大气、保护人类生存的共同的地球环境有关的国际协调合作活动;另一方面,尽管我国的温室气体人均排放量远比发达国家少得多,在历史的发展中也不是主要的排放源,但在国际有关的协调交往中,仍应积极争取国际先进技术、知识以及资

金的引进,以控制或减少农业生产温室气体的排放,加强农业生态
环境的治理;不仅为解决发展中国家特有的环境问题提供借鉴,也
为保护地球环境、维护人类社会的生存和发展作出应有的贡献。特
别是无论在引进国际先进技术,还是我国自己的保护治理中开发
的新技术和新措施,都应该与我国的经济发展和作为一个发展中
国家的国情相适应,具有广泛的可应用性和可推广性。

   气候变化必然会引起农业生产发生适应性变化,包括农业生
态的自然适应和人类活动的调控适应两种变化。相比之下,前者响
应幅度小、过程缓慢、时间尺度长,后者又取决于未来的科技发展、
市场需求与价格以及政府的政策(如补贴之类)。在人类活动调控
适应方面,还有主动引导适应与被动应对适应两种不同的举措;显
然,一般情况下,后者人类付出的代价要大于前者,而经济受益却
会远不如前者。然而,目前还很难预测上述各方面在未来的变化。
为了使我国的农业生产系统能较快较正常地适应大气二氧化碳浓
度增加引起的气候环境和土壤环境的变化,增强我国农业生产系
统的抗逆性和应变适应能力,以下几方面应予以重视。

控制减少农业生产二氧化碳排放源,提高其碳汇库容潜力

   据估计,农业活动目前产生相当于地球全部温室气体排放中
碳含量的 14%(包括二氧化碳、一氧化碳和甲烷等),而农业活动
中的温室气体排放量又占人类活动总排放量的 23%。可见,农业
排放并非微不足道,而是占有相当的比例。作为这种排放源的具体
活动有如大量砍伐森林,变林地为农田;不适宜地烧荒、垦荒、"改
造"荒地为"良田";农田残茬生物量燃烧等。因此,要通过耕作法的
改进或采用替代性务农方法发展农业生产;减轻不适宜的林转农
或草转农的用地压力;还可通过秸秆还田,减少残茬生物量的燃烧
增加土壤有机质和肥力,形成作物-土壤-大气系统的良性循环,不
仅可避免二氧化碳农业排放源的进一步扩大,还可提高农业生产

活动的碳汇库容潜力(丁一汇等,1995;王馥棠,1999;王馥棠、刘文泉,2002;王馥棠等,2002)。具体可举例如下:

(1)培育抗旱抗病虫害等抗逆性和光合生产率高的新品种。这些品种在气候变化后的新环境中,不仅能抗逆适应变化更为剧烈频繁的灾变,还能更好地利用二氧化碳浓度增加的气候新资源,增强光合生产率,使之在因水分相对亏缺或发育加速而导致生育期缩短的情况下,仍能取得高产优质的农产品。更有意义的是,它在一定程度上可大大提高农业生产活动对二氧化碳的库汇吸收能力。

(2)调整农业结构和布局,改进耕作体系。将当前勉强适合于农作的耕地加以调整转换为牧业或林业或农林、农牧、林牧结合,以增加土壤的植被覆盖率,不谛是一条扩大农业植被或生态的碳汇库容潜力的重要途径。而改变耕作熟制是另一条提高农业活动吸收二氧化碳能力的有效途径。如将目前的春种改为冬种,因地制宜地调整种植熟制,变一年一熟为两熟,变两年三熟为一年两熟,以及变单生长点作物为多生长点作物等等。如玉米是谷类作物中对热量要求变幅最宽的作物,具有很强的气候适应性,尤其是具有非固定生长点的特点,即在抽穗以后其生长点由茎头转向由腋芽发育形成的雌穗。因此在变暖后的新气候环境中,只要养分供应充足,病虫害和杂草害得以较好地控制,则除第一雌穗充分生长发育外,还可形成第二、甚至第三雌穗。显然,与具有固定生长点的小麦、水稻相比,玉米有可能开辟更多的库容,为扩大碳汇、光合同化更多的二氧化碳提供新机会。

(3)改进现有的农耕措施和经营管理。广义上说,开发推广新技术、新措施,积极宣传传输科技新知识、新方法,就能在新的气候环境中变弊为利,变害为益,提高农业的自适应能力。如营造农田防护林,发展农田林网化,既能增强对二氧化碳的吸收库容,还能改善农田小气候环境,提高农作物的抗灾能力。又如在干旱、半干旱地区改进灌溉方案,优化灌溉系统和灌溉方式,如改漫灌为喷灌、滴灌,发展旱作农业、节水农作等提高灌喷水分的利用效率等;而在雨水较多的南方地区,采取防止土壤被淋蚀、肥料流失以及调控地下水位等排灌措施,既可改善农业生产的生态环境条件,还可提高农业抗御灾变的自适应能力。

(4)加强病虫害和杂草害的防治。开发研制各种高效低毒无污染的新型农药,包括应用生物工程技术选育抗病(虫/草害)性强的新品种,开展生物防治,发挥自然天敌对病虫害的调控作用,以应对气候变暖导致的病虫害和草害可能加重的严峻挑战。

合理利用农业自然资源,加强生态环境的保护和治理

理论上讲,气候变暖后现有农作物的种植北界将向北推移,但在实践中,种植区是否向北调整,要针对气候变暖的可能影响,在因地制宜考虑地形、土壤以及水分状况等诸多其他因素影响后,再进行合理的规划与调整,以能最有效地利用变化后的新资源,如热量资源、CO_2 资源等;特别是光、热、水综合匹配优势资源的利用,以趋利避害,保障农业生产的稳定持续发展(秦大河等,2002;王馥棠,1999;王馥棠等,2002;王苏民等,2002)。

(1)西北地区是我国的严重缺水地区,不适当地开垦与扩种,经济用水挤占了生态环境用水,导致原本就十分脆弱的生态环境变得更加脆弱恶劣。因此,一定要坚持开源节流、以节流为主的原则,实施直接用水与间接用水相结合,技术节水与经济节水相结合,以及节水与提高经济效益相结合的广义水效率战略,对有限的水资源进行高效利用。农业用水在整个用水构成中往往占有较大比例,因此采用旱作农业、节水灌溉、培育耐旱抗旱新品种等技术措施实施农业节水同样是高效利用水资源的有效途径之一。还应该提出的是,作为重要的开源措施之一开发利用空中云水资源潜力很大。以 1983 年为例,西北区全年水汽总输入量为 1061.9 mm,但只有 14.4% 形成降水,85.6% 成为过境水汽直接穿过该地

区上空出境。理论推算,若在现有基础上将过境水汽转化为降水的比例提高 10%,则年降水量可达 261 mm。

(2)我国人口众多,相对来说,人均耕地资源十分有限,因此采取各种政策措施保护土地资源的合理开发和高效利用尤为重要。首先要对耕地资源实行重点保护,要严格控制非农用地的扩展,正确处理好建设用地与保护耕地的关系;其次是加强对林地和草地资源的保护和合理利用,禁止滥伐森林,加速砍伐区的人工营造更新,扩大自然植被覆盖率;三是因地制宜地规划实施退耕还林还草;四是坚持以草定畜,防止超载过牧,应根据不同草地承载力核定载畜量,保护恢复可持续利用的草地生态环境和草地资源。

(3)加强生态环境的保护和治理,必须摒弃先破坏、后治理的观念。既不能以牺牲生态环境为代价换取社会经济短暂的快速发展,也不能以社会经济停滞不前为代价求得生态环境的恢复和重建。要重新审视人类活动的合理性和适度性,主动使人类活动适应气候变化,实行在保护和建设生态环境的前提下实现农业生产和社会经济可持续发展。防治水土流失是保护和治理生态环境的重要组成部分之一,其最重要的措施之一就是退耕还林还草,特别是在坡耕地。但还林还是还草,应以自然植被的分布规律为依据进行,草原和荒漠草原地带只能以还草为主,不宜大规模造林。陡坡垦殖、毁林毁草、开荒种地都源自于过高的人口压力与低下的粮食生产水平,只有严格控制人口增长,提高粮食生产水平,包括建成足够的高产稳产基本农田,才能消除过垦开荒的前因和生态恶化的后果,使成功的退耕还林还草对策措施得以实现与持续。此外,土地荒漠化直接危及人类的生产与生存,因此,防治土地荒漠化,保护现有植被,禁止滥垦滥伐;改变广种薄收的坡耕地垦植;加强治沙管理,严格控制对荒漠化土地的有害经济活动;在旱作农业地区推广免耕作业和节水型生态农业;而将一些土地急剧退化的生态失衡地区圈定为“无人区”或“无畜区”,进行植树种草,以利这些地区生态平衡的恢复等等,均将有利于业已遭到破坏和恶化的生态环境逐步得以恢复与重建,从恶性循环转变为良性循环,进而既保护了生态环境又实现了可持续发展。

突出区域治理重点,调整产业(农业)结构,走综合开发之路

我国地域辽阔,各地区自然条件和经济社会(包括农业生产)发展状况差别很大,生态环境建设和治理应顺应自然规律。当务之急是抓住关键问题,突出对重点生态脆弱恶化区的治理(秦大河等,2002;王馥棠、刘文泉,2002;王苏民等,2002)。

(1)黄土高原区。为有效遏制不合理土地利用造成的严重水土流失(包括水蚀和风蚀),根据黄土高原地质历史、现代植被特征和水土保持工作经验,作为第一步,坡度在 25°以上的坡耕地(约占黄土高原耕地总面积的 4.5%),应坚决退耕禁垦。年均 450 mm 雨量线以上的基岩山区,可大面积造林,其中黄土盖层深厚地区宜林灌混交;年均降水量 450~350 mm 地区以种植灌草为主,在水分条件较好的沟头和坡足可恢复小片乔木;年均降水量 350 mm 以下地区宜以种草为主。为确保退耕还林还草持续见效,生态建设必须与富民增收相结合,调整种植业结构,大力发展畜牧业,增大其在农业中的比重,把草畜业作为保护治理生态环境与农业结构调整的切入点,实现向农牧生态系统转变。

(2)北方草原区。由于滥垦、乱挖和超载过牧,导致大片草原退化、沙化和碱化。自 20 世纪 50 年代以来,全国累计开垦草地 1334 万 hm²,开垦后有 50%因生产力逐年下降而被撂荒成为裸地或沙地。内蒙古草原每年乱挖甘草面积达 2.67 万 hm²,乱采发菜面积达 1300 万 hm²(约占草原面积的 19.5%),严重破坏了草原生态。草原过牧超载严重,西部草原理论载畜量为 1.7 亿羊单位/年,而实际为 2.9 亿羊单位/年,超过合理载畜量达 69%之多。从草原季节平衡看,北方冬春草场超载 50%以上,少数牧区超载 1~1.5 倍。国家投入不足也是草原"三化"的一个重要原因。内蒙古草原

1949～1989 年牧区建设费为 46 亿,而投入只有 0.45 元·hm^{-2}。由于草原退化,目前草产量较 20 世纪 60 年代初下降了 $1/3$～$1/2$;内蒙古荒漠草原已从西部干旱区向东部半干旱区推移了 50 km,而沙化草原也成了近年北方沙尘天气的主要源区之一。因此,北方草原区生态建设的重点有 3 个:一是合理利用和保护天然草场,减轻人为破坏,保护和改良现有林草植被、草场和草种。二是控制畜群数量,实行以草定畜,围栏封育,划区轮牧。封育试验表明:只要措施得力,10 年即可恢复到退化前的水平。三是建设好人工草场,特别是目前的天然冬春草场已不堪重负,必须加强人工草场的建设,飞布牧草,培育新品种,建立人工饲草基地。

(3)西北干旱区。以强化节水为重点,要发展节水灌溉技术,推广渠道防渗、管道输水、喷灌、滴灌等技术,提高水资源的利用效率,强化对流域水资源的统一调配和管理。祁连山、昆仑山、天山等各大山系是内陆河发源地,也是绿洲的屏障,降水集中在高山的迎风坡,其中天山迎风坡年均降水量达 200～400 mm,个别山地可高达 600～800 mm,是盆地降水量的 10～20 倍。应在这些山区开展全年候人工增雨作业,开发利用空中云水资源。同时保护山区林草植被,以涵养水源。鉴于气候变暖,冰川积雪融水量增加,应修建山区水库,拦蓄水资源,减少平原水库强烈蒸发造成的水资源浪费。流域上中游以节水为中心,加强现有灌区配套工程建设,压缩农田灌溉面积,限制水稻等高耗水作物的种植面积,合理开发利用地下水资源,逐步增加进入下游的水量。下游要严禁垦荒,确保生态用水,控制荒漠化的扩大趋势,逐步恢复绿洲生态系统。天山北部的"山地-绿洲-过渡带-荒漠生态建设模式"是干旱区发展的新思路。该模式强调用材林和牧场由天山山地转移到盆地,盆地绿洲建立新兴产业带,形成农-林-草-水复合生态系统;在绿洲与荒漠之间的过渡带建成畜牧业基地;古尔班通古特沙漠则辟为国家自然保护区,适度发展生态旅游业;这一模式经因地制宜地调整可推广到其他干旱区山盆系统。

(4)青藏高原区。鉴于自然环境严重干旱,生态系统极为脆弱,对全球变化的响应极为敏感,现有生物资源和生态环境均系地质历史时期的形成与积累,经不起过度开发和人为干扰。因此应以保护现有自然生态系统为主,保护生物多样性,严禁不合理开发和捕猎,对具有特殊生态价值的草地类型实行划区保护,建立国家自然保护区,实现自然生态系统的良性循环。"一江两河"地区则应合理有序开发利用自然资源,调整作物种植和产业结构,推进农牧结合,发展特色商品畜牧业;有序规划和开发丰富的旅游资源,促进特色旅游、科考和探险旅游业的发展;开创一个牧民致富、经济发展和生态建设良性循环并举的双赢新局面。

(5)西南喀斯特地区。贵州、广西和云南东部是我国也是世界上喀斯特地貌大面积发育的最典型地区之一。长期以来,由于人类活动导致水土流失严重,生态环境极为脆弱,不少地区几乎已丧失人类生存的基本条件,当地农民十分贫困。对此,国家应从粮食和资金上给予大力扶持,对不具备生存条件的地区实施生态移民,这是农民脱贫、生态环境恢复重建的关键。生态环境建设应采取综合措施,封山育林,人工造林,陡坡耕地退耕还林还草,扩大林草植被覆盖;同时加强小流域治理,防治水土流失,提高抵御滑坡、泥石流等自然灾害的能力。搞好生态扶贫工作,一方面要积极调整和优化产业结构,大力发展生态农业、特色农业和旅游业;另一方面大规模实施地头水柜集雨节灌工程,推广沼气和砌墙保土等措施,减少自然生态环境的进一步破坏,努力改善农民的生产和生存环境。

总之,各地的自然生态环境和经济发展水平差别很大,不可能采取统一的经济(农业)开发模式。节水农业、生态农业、特色畜牧业、特色旅游业以及封山育林、小流域综合治理等方式和模式,都可以因地制宜地借鉴采用,尤其是要针对各地区的特点,特别是加强对自然资源的有序规划开发和合理有效地利用;将产业结构调整、生态环境保护治理、增加财政收入和转移农业劳动力协调统一起来;适应市场经济发展的需要,走工、农、旅游业和农、林、牧、副业综合开发道路,提高各地农业和地方经济适应气候变化的经济实力。

加强公众教育,提高农民科技素质

保护、治理与重建自然植被(农业)生态环境是长期而艰巨的任务,需要几代人的不懈努力和持续奋斗。当前应大力加强对公众的宣传教育,提高人民群众的生态和环保意识,自觉保护林草植被,积极参加植树种草,搞好退耕还林还草和植被重建;其次,要加强法制建设和依法保护治理生态环境的公众教育,做到有法必依,执法必严,违法必究;还要控制人口增长,提高人口素质,减缓人口对生态环境的压力,实现人口、环境和经济协调的可持续发展。特别是我国农业人口比重大,文化水平普遍偏低,对农业高新科技和新品种的推广很不利,而且由于以往有关农业生态环境保护治理的宣传教育力度不够。因此在广大农村和农业地区,当前还应大力推广文化扫盲和科技扫盲,提高农民群众的科技文化水平和生态环境保护治理的自觉意识;同时加快建立健全农村高新科技推广服务体系,鼓励发展环保型和能源节约型的乡镇企业,增强农民集体或个体经营者的环保自觉性和应对气候变化的适应能力。

发展相关前沿学科与高科技

面对 21 世纪人口、资源、环境、气候变化与可持续发展等问题,世界各国的科学家们都在与农业有关的前沿学科领域积极探索,力求取得重大进展,以保障在气候变暖情景下实现保护环境和可持续发展的协调双赢。我国也不例外,从战略上要科学地分析我国所面临的各种有利条件和制约因素,制定符合我国国情的科技发展规划,加大投入力度,积极促进发展与农业有关的前沿学科和高科技,提高我国农业生产适应气候变化的能力(王馥棠,1999;王馥棠、刘文泉,2002;王馥棠等,2002)。若干重要前沿学科领域可举例如下。

探索提高光合作用的新途径

目前作物对太阳能的利用率很低:水稻为 $0.9\%\sim1.43\%$,冬小麦为 0.52% 左右,玉米为 $0.95\%\sim2.18\%$,大豆为 $0.58\%\sim0.86\%$,马铃薯约为 0.5%,甘蔗约为 1.43%,甜菜约为 0.9%。因此许多科学家都在探索提高光合作用的新途径,包括培育和筛选高光效的作物品种;通过补偿 CO_2 浓度和光照时间,提高叶绿体内的光合效率;采用合理的栽培技术等。同时,在光合机理研究方面也正在取得进展,一旦揭开光合之谜,在如何提高太阳能的利用效率方面将取得突破性进展。如果我国能把作物光合利用率提高 2%,就可以形成数百亿吨的有机物质,这相当于增加百亿吨计之多的粮食产量,大大提高了对农业自然资源的利用效率。

研究提高生物固氮的效率

据报道,经过 30 多年的研究,很多作物的固氮能力已经达到了较高水平,如美国科学家已发现稻田水面的绿色浮沫能为水稻提供氮素需要量的 95%;大豆生产中也发现一种超特性固氮细菌,可增产 15%。今后的研究重点是豆科作物和根瘤菌的共生问题;豆科与非豆科作物间套种植;通过基因工程技术,实现豆科作物根瘤菌向禾本科作物转移;改良寄生和微生物习性,增强固氮活性,提高固氮效率等。这些研究的进展与突破将对减轻环境污染,提高农业产量和质量,降低能耗作出重要贡献。

发展生物高科技

不少国家的科学家都在积极收集种质资源,建立基因库,力求通过细胞融合和基因重组技术,为定向改变生物的遗传特性,培育抗逆性强(包括抗旱、抗寒、耐高温、抗病虫害和抗污染等)、高产优质的作物新品种提供了新途径;也为广泛适应不同气候条件,培育和提供了多样性的新品种,为农业生产适应未来气候变暖展示出美好前景。

加强气候变化影响评估、模拟和预测的研究

气候变化是一种长期存在的自然现象。然而,目前对它的成因和发展规律,尤其是对其评估、模拟和预测方面还存在许多不确定性。这些不确定性直接影响到农业发展政策的制定,进而影响农业生产以及国民经济方方面面的可持续发展。为了使这些不确定性逐步缩小,必须加强对气候变化规律和科学预测的研究。对此,IPCC 认为最重要的领域有:改进全球大气和陆面的观测系统;发展全球海洋和水的观测系统,建立综合的气候监测系统;发展更完善的气候模式等等,还应加强对气候和全球变化研究的国际合作与交流。

就气候变化对农业生产影响来说,同样需要加强对影响的评估模拟和预测的研究。从当前我国的现实出发,应积极开展主动防御对策措施的研究。为此十分重要的是,要采取多种形式普及科学知识,提高全社会的气候意识,树立全民减灾和主动防御意识。通过实施各项有力措施,提高农业对气候变化的适应能力和对气象灾害的应变防御能力,确保我国农业在适应气候变化和保护重建生态环境的前提下获得稳定、持续的发展。

参 考 文 献

蔡运龙,Barry Smit.1996.全球气候变化下中国农业的脆弱性与适应对策.地理学报,**51**(3):202～210

陈育峰,李克让.1996.地理信息系统支持下全球气候变化对中国植被分布的可能影响研究.地理学报,**51**(增刊):26～39

陈峪,黄朝迎.1998.气候变化对东北地区作物生产潜力影响的研究.应用气象学报,**9**(3):314～320

慈龙骏.1994.全球变化对我国荒漠化的影响.自然资源学报,**9**(4):289～303

崔读昌,王继新.1993.气候变化对农业气候带和农牧过渡带的影响.见:邓根云主编.气候变化对中国农业的影响.北京科学技术出版社

邓惠平,刘厚风.2000.全球气候变化对松嫩草原水热生态因子的影响.生态学报,**20**(6):958～963

邓惠平,祝廷成.1999.气候变化对松嫩草地水热条件及极端事件的影响.中国草地,(1):1～6

邓振镛编著.1999.干旱地区农业气象研究.气象出版社

丁一汇,高素华主编.1995.痕量气体对我国农业和生态系统影响研究.中国科学技术出版社

丁一汇,王守荣主编.2001.中国西北地区气候与生态环境概论.气象出版社

丁一汇主编.2002.中国西部环境变化的预测.见:秦大河总主编.中国西部环境演变评估.科学出版社

樊锦沼,张传道,张银锁等.1993.气候变化对牧区畜牧业生产的影响.见:邓根云主编.气候变化对中国农业的影响.北京科学技术出版社

范广洲,吕世华,程国栋.2002.华北地区夏季水资源特征分析及其对气候变化的响应(II):华北地区夏季水量丰、枯与气候变化的关系.高原气象,**21**(1):45～50

方创林等.1999.区域发展规划指标体系建立方法探讨.地理学报,**54**(5):410～419

高素华,潘亚茹.1991.温室效应对农业气候资源的可能影响.见:气候异常对

农业影响的试验研究课题组编.中国气候变化对农业影响的试验与研究.气象出版社

郝晓辉.2000.中西部经济发展研究丛书:中西部地区可持续发展研究.经济管理出版社

郝永萍,陈育峰,张兴有.1998.植被净初级生产力模型估算及其对气候变化的响应研究进展.地球科学进展,**13**(6):564~568

侯学煜.1994.中国植被及其地理分布.植被生态学研究,科学出版社

霍治国,李世奎,杨柏.1995.内蒙古天然草场的气候生产力及其载畜量研究.应用气象学报,**6**(增刊):89~95

霍治国,叶彩玲,刘玲.2002.作物病虫害气象预测与防御.见:徐祥德等主编.农业气象防灾调控工程与技术系统.气象出版社

李锦,罗凉昭等著.2001.西部开发战略研究丛书:西部生态经济建设.民族出版社

李淑华.1993.气候变化对中国农业病虫害的影响.见:邓根云主编.气候变化对中国农业的影响.北京科学技术出版社

李玉娥,张厚瑄.1992.温室效应对我国北方冬麦区粮食作物生产潜力的影响.中国农业气象,**13**(4):37~39

林而达等.1997.全球气候变化对中国农业影响的模拟.中国农业科技出版社

刘安麟主编.2000.农业遥感与农业气象研究.气象出版社

刘文泉,王馥棠.2002.黄土高原地区农业生产对气候变化的脆弱性分析.南京气象学院学报,**25**(5):620~624

刘文泉.2002.农业生产的气候脆弱性研究方法初探.南京气象学院学报,**25**(2):214~220

马树庆.1996.气候变化对东北地区粮食产量的影响及其适应性对策.气象学报,**54**(4):484~492

马树庆,安刚,王琪等.东北玉米带热量资源的变化规律研究.资源科学,**22**(5):41~45

马晓燕.2002.外部强迫因子对气候变化影响的数值试验研究,中国科学院大气物理研究所博士论文

缪启龙,张永勤,金龙等.1999.长江三角洲农业耗水的气候变化影响研究.南京气象学院学报,**22**(增刊):518~522

气候变化对农业影响及其对策课题组.1993.气候变化对农业影响及其对策.

北京大学出版社

秦大河,丁一汇,王绍武等.2002.中国西部生态环境变化与对策建议.地球科学进展,**17**(3),314~319

任国玉,陆均天,邹旭凯等.2001.我国西北地区的气候特征与气候灾害.见:丁一汇,王守荣主编.中国西北地区气候与生态环境概论.气象出版社.

石玉林.1992.中国土地资源的人口承载能力研究.中国科学技术出版社

王春乙,潘亚茹,白月明等.1997.CO_2浓度倍增对中国主要作物影响的试验研究.气象学报,**55**(1):86~94

王春乙,郭建平,郑有飞.1997.二氧化碳、臭氧、紫外辐射与农业生产.气象出版社

王春乙,娄秀荣,庄立伟.2001.气候变暖对东北地区作物种植的影响.气象科技,**29**(增刊):11~13

王馥棠,刘文泉.2003.黄土高原农业生产气候脆弱性的初步研究.气候与环境研究,**8**(1):91~100

王馥棠,赵艳霞,辛晓洲.2002.气候变化与农业可持续发展.见:陈新强等主编.可持续发展中的若干气候问题.气象出版社

王馥棠.1993.CO_2浓度增加对植物生长和农业生产的影响.气象,**19**(7):8~13

王馥棠.1999a.气候变暖与我国粮食生产的可持续发展.科学对社会的影响,(1):40~44

王馥棠.1999b.作物病虫害农业气象预报.见:中国农业科学院主编.中国农业气象学.中国农业出版社

王馥棠.2002.近10年来中国气候变暖影响研究的若干进展.应用气象学报,**13**(6):755~766

王馥棠.1996.气候变化与我国的粮食生产.中国农村经济,(11):19~23

王馥棠.1994.我国气候变暖对农业影响研究的进展.气象科技,**22**(4):19~25

王馥棠,王石立,李玉祥等.1991.气候变化对我国东部主要农业区粮食生产影响的模拟试验.见:气候异常对农业影响的试验研究课题组编.中国气候变化对农业影响的试验与研究.气象出版社

王蓉芳等.1996.中国耕地的基础地力与土壤改良.中国农业出版社

王绍武.1989.温室气体增长对气候和社会的影响.气象科技,**17**(1):1~6

王绍武,龚道溢,翟盘茂.2002."中国西部环境特征及其演变"第二章,气候变化(王绍武,董光荣主编).见:秦大河总主编.中国西部环境演变评估.科学出版社

王绍武,叶锦琳,龚道溢等.1998.近百年中国年气温序列的建立.应用气象学报,**9**(4):392~401

王绍武,赵宗慈.1979.近500年我国旱涝史料的分析.地理学报,**34**(3):329~341

王绍武主编.2001.现代气候学研究进展.气象出版社

王石立,娄秀荣.1996.气候变化对华北地区冬小麦水分亏缺状况及生长的影响.应用气象学报,**7**(3):308~315

王石立,庄立伟,王馥棠.2003.近20年气候变暖对东北农业生产水热条件影响的研究.应用气象学报,**14**(2)(即将出版)

王苏民,林而达,佘之祥主编.2002.环境演变对中国西部发展的影响与对策.见:秦大河总主编.中国西部环境演变评估.科学出版社

王效瑞,田红.1999.安徽气候变化对农业影响的量化研究.安徽农业大学学报,**26**(4):493~498

吴金栋,王石立,张建敏.2000.未来气候变化对中国东北地区水热条件影响的数值模拟研究.资源科学,**22**(6):36~42

吴连海.1997.气候变化对中国种植制度影响的模拟.见:林而达等主编.全球气候变化对中国农业影响的模拟.中国农业科技出版社

吴征镒.1980.中国植被.科学出版社

辛晓洲.2000.气候变化对中国东北地区耕地生产力影响的研究.中国气象科学研究院硕士论文

徐德应,郭泉水,阎洪等.1997.气候变化对中国森林影响研究.中国科学技术出版社

徐影.2002.人类活动对气候变化影响的数值模拟研究.中国气象科学研究院,南京气象学院博士论文

畜牧气象文集编委会编.1991.畜牧气象文集.气象出版社

翟盘茂,任福民.1997.中国近40年来最高最低温度变化.气象学报,**55**(4):418~429

翟盘茂,任福民,周琴芳.1999.中国降水极值变化趋势检测.气象学报,**57**(2):208~216

张强,杨贤为,黄朝迎.1995.近30年气候变化对黄土高原地区玉米生产潜力的影响.中国农业气象,**16**(6):19～23

张宇,王石立,王馥棠.2000.气候变化对我国小麦发育及产量可能影响的模拟研究.应用气象学报,**11**(4):264～270

章基嘉,徐祥德,苗峻峰.1993.气候变化对中国农业生产光温条件的影响.中国农业气象,**14**(2):11～16

赵跃龙,张玲娟.1998.脆弱生态环境定量评价方法的研究.地理科学,**18**(1):73～79

赵宗慈.2002.气候模式研究进展.气象软科学,(**42**),31～36

赵宗慈.1989.模拟温室效应对我国气候变化的影响.气象,**15**(3):10～13

赵宗慈,高学杰,汤懋苍等.2002."中国西部环境变化的预测"第九章,气候变化预测(丁一汇主编).见:秦大河总主编.中国西部环境演变评估.科学出版社

郑有飞,颜景义,杨志敏1995.未来气候变化对江苏省大豆作物及产量影响评估.见:江苏省人口、资源、环境论文集.中国农业科技出版社

郑有飞,宗雪梅,陈万隆等.1998.未来气候变化对南京地区春大豆生产潜力的影响.中国农业气象,**19**(5):4～7

中国农业科学院主编.1999.中国农业气象学.中国农业出版社

中国畜牧气候区划科研协作组.1988.中国牧区畜牧气候.气象出版社

中国自然资源丛书编委会.1996.中国自然资源丛书:土地卷.中国环境科学出版社

中华人民共和国国家发展计划委员会等.1994.中国21世纪议程:中国21世纪人口、环境与发展白皮书.中国环境科学出版社

中华人民共和国国家计划委员会编.1996.国民经济和社会发展"九五"计划和2010年远景目标纲要.中国经济出版社

中央气象局气象科学研究院天气气候研究所,南京气象学院农业气象研究室.1981.我国农业气候资源与种植制度区划.农业出版社

周广胜,张新时.1996.全球变化的中国气候-植被分类研究.植物学报,**38**(1):8～17

周广胜,张新时.1996.全球变化的中国自然植被的净第一性生产力研究.植物生态学报,**20**(1):11～19

周广胜等.1997.中国植被对全球变化反应的研究.植物学报,**39**(9):

879～888

周晓东,王馥棠,朱起疆. 2002. 二氧化碳浓度增加对冬小麦生长发育影响的数值模拟. 气象学报,**60**(1):53～59

FAO. 2000. The State of Food Insecurity in the World 2000 (SOFI 2000). FAO Press. Rome, Italy

Gao Xuejie, Zhao Zongci, Ding Yihui, et al. 2001. Climate change due to greenhouse effects in China as simulated by a regional climate model. *Advances in Atmospheric Sciences*, **18**:1224—1230

Hulme M, Zhao Zongci, Wang Futang, et al. 1992. Climate Change Due to the Greenhouse Effect and Its Implications for China. CRU/WWF/SMA. Banson Production. London, UK

Hulme M, Zhao Zongci, Jiang Tao. 1994. Recent and future climate change in East Asia. *International Journal of Climatology*, **14**(6):637—658

Intergovernmental Panel on Climate Change (IPCC). 1995. Climate Change 1995: The Science of Climate Change. Cambridge. Cambridge University Press

Intergovernmental Panel on Climate Change (IPCC). 1997. The Regional Impacts of Climate Change: an Assessment of Vulnerability, ed. by Robert T. Watson, al. ISBN:92-9169-110-0, [R]

Intergovernmental Panel on Climate Change (IPCC). 2001. Working Group II, Climate Change 2001: Impacts, Adaptation and Vulnerability, Summary for Policymakers, IPCC WG2 Third Assessment Report (TAR)

IPCC WG1 Report. 2001. Climate change 2000: The Scientific Basis, eds. by J. T. Houghton, Ding Yihui et al. Cambridge University Press, UK

Lin Erda. 1996. Agricultural vulnerability and adaptation to global warming in China. *Water, Air and Soil Pollution*, **92**:63—73

Rosenzweig C E, Parry M L, Fischer G, et al. 1993. Climate Change and World Food Supply. Research Report No. 3, Environmental Change Unit. Univ. of Oxford, UK

Rosenzweig C, Hillel D. 1998. Climate Change and the Global Harvest: Potential Impacts of the Greenhouse Effect on Agriculture. Oxford

University Press

Wang Futang, Zhao Zongci. 1994. Climate change and natural vegetation in China. *Acta Meteorologica Sinica*, **8**(1):1—8

Wang Futang, Zhao Zongci. 1995. Impact of climate change on natural vegetation in China and its implication for agriculture. *J. of Biogeography*, **22**:657—664

Wang Futang. 1997. Impacts of climate change on cropping system and its implication for China, *Acta Meteorologica Sinica*, **11**(4):407—415

Wang Futang. 2001. Some advances in climate warming impact research in China since 1990. *Acta Meteorologica Sinica*, **15**(4): 498—508

Wang Futang, Zhang Yu, Qiu Guowang. 1997. Modelling estimation on the potential impacts of global warming on rice production in China. *World Resources Review*, **9**(3):317—325

Wang Jinghua, Lin Erda. 1996. The impacts of potential climate change and climate variability on simulated maize production in China. *Water, Air and Pollution*, **92**:75—85

Zhao Zongci, Luo Yong. 1999. Impacts of Land-use Change on Summer Monsoon Rainfall over East Asia. Proceeding of Third International Scientific Conference on the Global Energy and Water Cycle, Beijing, June 16—19

Zhao Zongci, Xu Ying, Luo Yong, *et al*. 2002. Detection and Projection of Extreme Temperature in China for the 20th and 21st Centuries. IPCC Workshop on Changes in Extreme Weather and Climate Events, Beijing, China, 11—13 June

Zhao Zongci, Xu Ying. 2002. Detection and scenarios of temperature change in East Asia. *World Resource Review (USA)*, **15**(3):321—333

Zhao Zongci. 1994. Climate change in China, *World Resource Review*, **6**(1): 125—130

Zhou Guangsheng, Wang Y. 2000. Global change and climate-vegetation classification. *Bulletin of Chinese Sciences*, **45**(7): 577—584